口絵の説明

①夏。
ツキノワグマは、モミジイチゴの実や、アリ、ハチなどの昆虫類をもとめて、伐採地や明るい里山で行動することがある。

②夏。
川を渡るツキノワグマ。クマは泳ぎが巧みで、湖や川を渡る姿がしばしば目撃される。

③秋。
一〇月、天然杉林の沢に姿を現わしたツキノワグマ。まだ若い雌だと思われる。

④冬。
越冬中のツキノワグマ。天然杉の切り株の側面の小穴から〈ナウシカ〉の目が光っている。入口は天空に向いていたが、中は広いため影響を受けていなかった。
⑤越冬穴内部の〈ナウシカ〉。内部は広く二平方メートルはある。雌グマは出産があると考えられる年は広い穴を選択すると思われるが、この年、出産はなかった。(一九八七年二月撮影)
⑥杉の植林地内にある天然杉の伐根の中で越冬した〈アラレP2〉は、この年、二頭の子供を出産した。眠り続ける彼女の傍らに、新しい生命が輝いていた。(一九八八年三月撮影)

⑦⑧春。
越冬を終了した残雪期、ツキノワグマはブナ林帯や雪崩地で行動する。又鬼の春グマ狩りは、この頃おこなわれる。

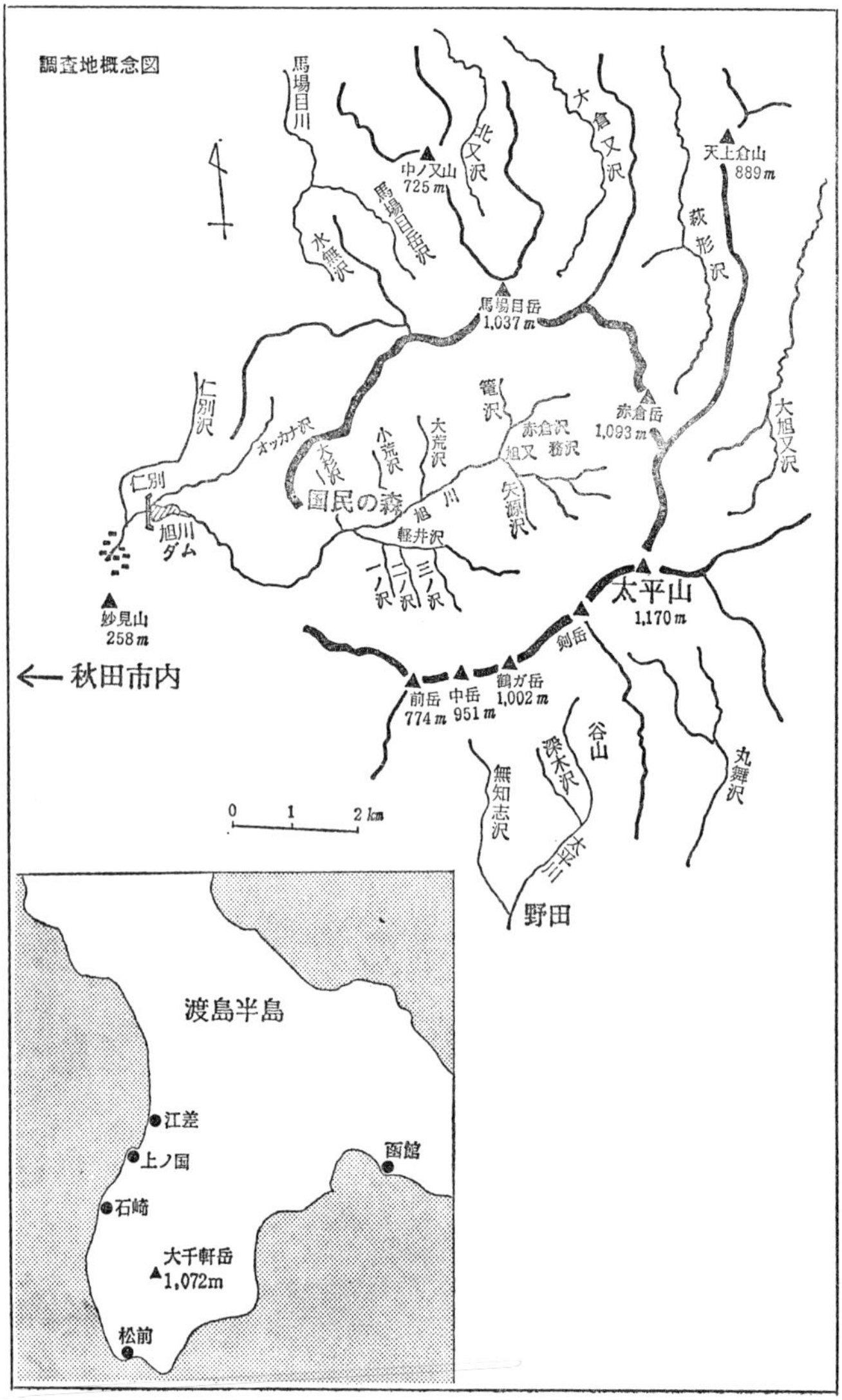
調査地概念図
馬場目川
中ノ又山
725 m
北又沢
大倉又沢
天上倉山
889 m
馬場目岳沢
水無沢
萩形沢
馬場目岳
1,037 m
仁別沢
篭沢
赤倉岳
1,093 m
大旭又沢
オッカナ沢
大杉沢
小荒沢
大荒沢
赤倉沢
旭又
務沢
仁別
国民の森
旭川
矢源沢
旭川ダム
軽井沢
一ノ沢
二ノ沢
三ノ沢
太平山
1,170 m
妙見山
258 m
剣岳
← 秋田市内
前岳
774 m
中岳
951 m
鶴ガ岳
1,002 m
谷山
深木沢
丸舞沢
無知志沢
0
1
2 km
野田
渡島半島
江差
上ノ国
函館
石崎
大千軒岳
1,072m
松前

クマを追う　米田一彦

丸善出版

ある日、山小屋で

何事かを始めようとした時の「きっかけ」となった過去のあるシーンが鮮やかに心に浮かんでくることがある。私の場合、それは、まぎれもなくあのシーンだ。

あれは一九七八年（昭和五三年）の、その年初めて霜《しも》が降りた晩秋のことだった。弱々しい陽光を受けた太平山《たいへいざん》が赤く輝いている。四人の男たちを乗せたジープがススキの原を疾駆《しっく》していく。振り向くと、ススキの穂がくだけ散り、逆光に白い光芒《こうぼう》を放ちながら宙を舞っていた。山小屋と言うにはいささか気恥ずかしいが、草原に建つ私のホッタテ小屋にたどり着いた。

酒といくばくかの肴《さかな》を手にし、扉を押して中に入る。これから何を企てようというのか。やがて、皆、背を丸めて、コップ酒をあおる。体のほてりを感じ始める。皆、何か言いたげであった。私（秋田県鳥獣保護センター）が口火を切る。

「クマ、どうなるもんだべ。どうなっているのか、さっぱり分かんね。毎年毎年、二〇〇頭近くも獲っているのは事実だ。しかも、実に静かに行なわれている。誰も、それに対して声を上げようとしない」

「でも、どうしたらいいんだ。何ができて何ができないのかも分からない。個人個人はクマに関して何かをやっているかもしれないが、皆に見えてこネ。マスコミは興味本意の部分だけ報道しているし、皆、その増幅された部分だけしか知識として持っていない」

小島さん（秋田市立大森山動物園）が、コップに酒をそそぎながら話しを引きつぐ。

「クマは害獣だとされているけど、むやみに人を襲うものでネし、一頭獲れば三〇万、一〇頭も獲れば三〇〇万円というわけだから、過疎《かそ》地《ち》にとっては大きな産業であり楽しみのはず、なんて、とても大きな声では言えない現状だしなあ」

小島さんは、なおも続ける。

「襲ったという事実しか報道されないのだから、そうむやみに襲わないものだという事実は、我々が何らかの方法で発見し明らかにしていかなければならないのじゃないか」

今日の小島さんは、いつになく酒をあおる。彼は動物園の飼育係であるとともにハンターでもある。

「だとすると、個人個人の力は、やはり結集されなければならないと思う」

私もようよう、酔いがまわってきた。

「行政は、被害という面に立って仕事をしているから、その場その場で対応しているというのが実情さ。何らかの仕事を始めるとなると、やはり大きな金が必要となるから、とりあえずは地道にやっていて、いずれ、俺が県庁に戻ったら、予算が取れるよう頑張ってみるよ……」

「俺は、米田さんについてタヌキをやっているけど、やっぱり見たいんだよな、クマが……」

佐藤君（秋田大学生）が思慮深げに口をはさむ。農家出身の彼は、後年、実際にクマの追跡を行なったとき、調査員として太平山中に長期間滞在し、強力な助っ人となってくれた。

中村君（秋田大学生）も、身を乗り出して言う。

「クマが、クマッ、クマッって鳴くっていうのは本当なんだべか。親指が外側についているっていうのも、本当なんだべかな」

真顔でただした彼の疑問は、やはり後年、解決されることになる。彼と一緒に山へ行くと、よくクマに出会うため、大変縁起がいいと、よく私に引っぱり出されたものである。

「俺も見たいものがあるんだ。クマは、越冬中に出産するんだけど、野生のクマではどうなっているのか、誰も見たことがないんだ。一年おきに二頭の子供を産むらしいんだけど、それも、その年に餌が豊富だったか凶作《きょうさく》だったかによって違うと言われているんだ。動物園では、栄養がいいから連続的に産むクマもいるそうだけど、野生では、実際、どのような状態で産むのか、さっぱり分かっていないんだ。それに、又鬼《またぎ》（東北地方に散在する狩猟集団）は、しばしば複数のクマが同じ穴で越冬していることがあると言っているが、これも本当なんだろうか。何とか、クマの出産シーンを見てみたいなあ……。俺の夢だよ……」

中村君は、そんなことができるものだろうか、というような顔をしている。

「でも、どうやって穴の中を覗くの。相手はクマだよ。出て来たら、どうするの」

「入っている穴の入口を、金網でピタッとふさぐのさ。ハハッ……」

私は大真面目で答えたのだが、しかし、その時は、皆、誰もそんなことはできるはずがないと考えていたに違いない。自分でも、そう思っていた。

ストーブの上では、焼けた肉がむやみに煙を上げている。小島さんが持参した、ライオンに食わせるものだという一〇キロもあろうかと思われる巨大な馬肉のかたまりを、ただもうナタで切り、ストーブに乗せて焼き、しょう油をつけて食べていた。溶けた脂がボタボタと落ち、重い煙となって舞い

▲秋田市より太平山系の山々を望む。
調査地は馬蹄形の尾根に囲まれ
その内側は
ほぼ三、〇〇〇ヘクタールほどである。
◀調査基地の一つである仁別国民の森より
太平山（一、一七〇・六メートル）の
山頂を望む。手前の森は
有名な秋田スギの天然林で
クマはしばしばここを越冬地に選択する。

上がる。

真っ暗な部屋の、唯一の照明である貧弱なローソクの火が、その煙に犯されて、酸欠状態にでもなったかのように、むやみにススを舞い上げる。酔いしれた四人の顔はススにいぶられ、さぞやたくましい男くささをかもし出していたことだろう。

これまでに見たクマのこと、巻狩《まきが》りに行ったこと、クマの赤ちゃんを育てたことなど、いつまでもいつまでも、クマ談議は続く。そして夜もふけ、やがていつしか、四人は寝袋に抱かれていた。もう虫の音も聞くことのできない晩秋であった。

朝、あまりの息苦しさにガバとはね起きた。ところが、あたりが、ぼんやりとしか見えない。

「しまった、目をやられたか！」

慌ててメガネをはずしてみる。そして皆の顔を見て、思わず吹き出してしまった。顔が、黒い脂で真っ黒に光っている。よほど吸い込んだのだろう、鼻のまわりがこれまたススで真っ黒だ。いやはや、自分も、皆と同じ形相《ぎょうそう》だということだ……。

忘れもしないこの日の出来事が、その後の私たちの行動の方向を決めたのだった。

突然、クマが異常に出没し始めた

そう、あの日から、私たちとクマとの「戦い」が始まった。何かを求めての果てしないチェース（追跡）でもあった。あの日の小島さんの言葉が忘れられない。

「使命感を悲壮感に変えたらいけない。だから日本の保護運動は悲し過ぎます。個人から集団へ進もう」

この時から、ツキノワグマのことを知ろうと集まった秋田クマ研（秋田ツキノワグマ研究会）は動き出した。やがて会員も増え、活動も活発になっていった。

最初はまず「見る」ことから始めた。とはいえ、クマを直接見ることは難しい。そこで、足跡《そくせき》、食《しょく》痕《こん》など何でもよいから「生息している」という証拠をつかもうということになった。それが合言葉だった。

当時、この会を結成するにあたって、私にはある「予感」があった。それは、近々、クマに何かありそうだ、という予感だった。

一九七八年（昭和五三年）の夏は非常な酷暑で、明治一九年の秋田気象台開設以来の高温を記録していた。八月三日には秋田市内でさえ三八・二度を記録した。川や沼は枯れ、農作物を中心として水不足が深刻となっていた。その当時、私が勤務していた県庁の出先機関である秋田県鳥獣保護センターでも、水鳥用の沼の堰《せき》を切り、下流の田の水利《すいり》の足しにしたくらいだ。

冬は冬で、大変な暖冬だった。年が明けて二月になっても、まだ秋田市内には雪がなかった。山に雪が多いか少ないかは、クマの射殺数（役所用語では捕獲数という）に直接的な影響をおよぼす。すなわち、夏から秋にかけてクマが農林業に被害をおよぼさないようにと、あらかじめ残雪期に、つまりクマを発見し追跡しやすい時期に、射殺しておく、という方法をとるからである。

暖冬のため越冬に入るのが遅れたクマは、すでにエネルギーを消耗していた。その上、春は春で、雪消えが早かった。一九七九年（昭和五四年）の春、クマは暖かさのため例年より早く越冬から目覚めた。しかし、まだ餌《えさ》となる植物は芽を出していない。そのため、体力の消耗が加速された。クマは右往左往し、餌を探し回り、さらに体力を消耗していくことになった。

さらに、悪いことが重なった。六月がひどい長雨で、連日じくじくと降り続いた。晴れの日があったような記憶がない。私の予感は、悪いかたちで的中した。ある意味で、この年の六月が、すべての「こと」の始まりだったとも言える。

六月二四日、秋田県仙北《せんぼく》郡でタケノコ採りをしていた中年女性がクマに襲われ、死亡し、大騒ぎとなった。顔面や両腕に致命傷を負い、気の毒にも亡くなったのだ。そしてこの年、さらに一四人の人たちが重軽傷を負った。

この年のクマの射殺数は二九〇頭にのぼる。前年の二倍強だ。過去最高の射殺数である。この年を境として、クマに襲われ死亡する人が頻繁になった。秋田県での一例以後、山形県で三例、岩手県で二例、福井県で一例となっている。

クマに、何が起こっているのだろうか。いや、彼らの住む山に、何かが起こっているのだろうか。この年、クマたちは、おびただしい死体を私たちの眼前にさらした。まるで私たちに何かを訴えかけようとでもしているかのように。

当然、行政だけでなく私たち市民も、いやおうなしにクマに関心を持たざるをえなくなっていったのである。

この一九七九年（昭和五四年）のクマの「異常な出没」の経験から、その後、クマに対応するために、行政による過剰ともいえる体制が確立された。そして七年後の一九八六年（昭和六一年）には、秋田県で空前の四一五頭の射殺へと道は続くのである。いま思えば、この年の出来事は、まさにクマたちの悲劇への序章であった。

なぜ、このようなことになったのか。このようなことになる前に、私たちは、ツキノワグマとはどういう動物なのかを、もっと見、知る必要があるのではないだろうか。おそらく誰もが、そのようなことを思い知らされた事態であった。

クマは、どれほど恐ろしいか

ところで、日本には、北海道にヒグマが、そして本州以南にはツキノワグマが生息している。
ヒグマの学名は *Urusus arctos yesoensis* LYDEKKER という。「ウルサス」はラテン語でクマを意味し、「アークトス」もギリシャ語でクマを意味している。さしずめ「クマのなかの王」というところだろう。「エゾエンシス」は北海道を意味し、「ライデッカー」は北海道のヒグマの存在を報告した人の名である。
ツキノワグマの学名は *Selenarctosu thebetanus japonicus* SCHLEGEL という。「セレン」はギリシャ語で月を意味し、ツキノワグマの胸に月形の白斑《はくはん》があることに由来する。「チベタヌス」はチベットを中心にして住んでいることを意味している。「シュレーゲル」はツキノワグマの存在を報告した人の名である。

世界的に見ると、クマの仲間の生息域はかなり広い。世界のクマは次の七種類に分類されている。

ホッキョクグマは、北半球の極圏に生息している。クマのなかでは最も大型で、体全体が白いためシロクマとも言われる。

ヒグマは分布が広く、ヨーロッパ東部、シベリア、コーカサス、北アメリカ、スカンジナビア半島などに分布している。

アメリカクロクマは北アメリカの森林に住み、ヒグマに近い種類で、体が黒いのが特徴だ。

ツキノワグマの仲間は、日本、朝鮮半島、中国、チベットに分布している。

マレーグマは、クマの仲間としては最も小さい。中国南部、インドシナ半島、マレー半島、インドネシアなどに住んでいる。

ナマケグマは毛が長いのが特徴で、インド南部、スリランカの低地などに住んでいる。

メガネグマは、生息地も生態もよく分かっていないクマで、南アメリカのベネゼエラからチリにかけてのアンデス山脈に生息している。

さて、クマは日本では最強の猛獣だ。鎧袖《がいしゅう》一触《いっしょく》、人間を亡からしめることも可能だ。それゆえ、古今、数々の又鬼伝説、武勇伝を生んできた。クマの生態調査が詳しく行なわれてこなかったのも、こうした危険な面を持ち合わせているからだ。

なぜそのような危険な動物にかかわるのかと人に聞かれる。私は「怖いからやる、臆病だからやめられない」と答えることにしている。しかし正直に言えば、恐ろしい思いをして「もう金輪際《こんりんざい》やめる」と何回誓ったことだろう。恐ろしさ、危険といったことは、男にとって（すくなくとも私にとっ

▲早春。雪渓を走るツキノワグマ。

ては)、ある程度必要なことなのだ。

日本にはいろいろと危険な動物がいるが、クマはその筆頭だと思う。たしかにハチ類に刺されて死ぬ人は、毎年四〇〜五〇人もいる。マムシやハブも怖い。ところが、クマに襲われて死亡する人は、最近一〇年間の平均をとってみても、年に一人に満たない程度だ。

しかし、である。クマにやられて怪我をしたり死ぬということは、他の場合と、ちょっと様相が違うのである。前者の場合、「あるいは……」と思う時間的余裕がある。しかし、クマの場合は「即効的」だ。血にまみれ、ただの肉塊と化していくさまを見たなら、肉親者でなくても卒倒してしまうことだろう。死体検分のカラー写真や解剖所見を見るたびに、私は胸が焼けつくのを覚える。

ことさらクマの恐ろしさを強調する気持ちはないが、しかし、過去には、人骨がきしむほどの恐怖を覚える事件が沢山あったことは確かである。クマの研究者は、そのあたりの経緯や事件の詳細を知っているため、意識のどこかに、いま一歩の行動を妨げる恐怖感とでもいったものがあるのである。

その最も恐怖に満ちた事件の例を、一つだけあげておこう。私は、この事件を伝える活字を見るたびに、背中に冷たいものが走るのを覚える。歴史上、わが国最悪の熊襲《ゆうしゅう》事件は、大正四年一二月、北海道北部の苫前《とままえ》村で起こった。一頭のヒグマが、二晩のうちに、胎児を含めて七人を殺し、三人に重軽傷を負わせたのだ。しかも、犠牲者の多くを食ったという。

何らかの理由で越冬に入りそこなった三〇〇キロほどの金毛の大ヒグマが、半月ほど前から、その村の周辺を徘徊《はいかい》していた。そして、家々の軒下につるしたトウモロコシなどを食害していた。

大正四年一二月九日、午前一〇時頃。日本海からの冷たい風がしばし止み、数日、穏やかな日和《ひより》が続いていた。その穏やかな日々を突き破るように、北海道開拓史上に残る惨劇は始まった。

草ぶきの貧しい家がほとんどのその村では、板囲いの家は珍しかった。その板囲いの家に侵入した大ヒグマが、その家の主婦を殺し、ちょうどあずかっていた少年をも襲って殺した。大ヒグマは、殺した主婦を引きずって山に運んだ。

まもなく、人々は事態を知った。しかし、その晩は暗くて、いかんともしがたい。二〇人ほどの男たちは、翌朝、その主婦を探すべく山狩りをかけた。ヒグマは、遺骸《いがい》を手放すのを惜しみ、その場から離れない。逆に、捜索隊を襲って来た。五丁の鉄砲は、しかし、一丁しか発火しなかった。逆襲された捜索隊は、クモの子を散らすように逃げ帰った。何とか収容した遺体は、ほとんどが食いつくされていた。

その晩、悲劇に見舞われた家では、男たちだけが集まって通夜《つや》を営んでいた。女や子供たちは、比較的安全だと思われた隣家に集まって夜食の準備にあたっていた。

突然、遺体を安置してあった部屋の壁が破られ、大ヒグマが侵入して来た。主婦と子供の遺体は、再びゴロゴロと床に転がった。男たちはうろたえ、石油缶を打ち鳴らした。しばらくして、大ヒグマは去っていった。

その頃、女や子供たちが集まっていた家では、夜食のカボチャを大鍋《おおなべ》で煮ていた。通夜の家を出た大ヒグマが、今度は、その家の窓をバリバリと破った。女や子供たちは呆然自失《ぼうぜんじしつ》となった。身を震わせて寄りそった。一人の気丈《きじょう》な女が燃えさかる薪《まき》を手に、大ヒグマを打ちすえた。逆上した大ヒグマは、窓を破り、家の中に侵入してきた。そして、狂暴のかぎりをつくした。逃げ出そうとする者をかき集め、妊婦をもたたき伏せた。そしてうごめく者の命を断ち、食い始めた。

大ヒグマの侵入を知った男たちはすぐに隣家に駆けつけた。しかし、ヒグマと人の入り乱れた真っ暗な家の中に銃を撃ち込むことはできない。焦《あせ》るばかりであった。

「腹破らんでくれえ。腹破らんでくれえ！」

出産間近い妊婦の絶叫も漏《も》れてきたと言う。悲鳴や、骨が咬《か》みくだかれる音に、身も切りきざまれる思いにかられながらも、男たちは、まったく手出しのしようがなかった。そんな状態が一時間も続いた。ようやく大ヒグマは、悠然と去って行った。

家の中は、阿鼻叫喚《あびきょうかん》、地獄絵さながらであった。この夜、胎児を含め五人が死亡し、三人が重軽傷を負った。結局、この事件では七人が死亡し三人が重軽傷を負ったことになる。一頭のヒグマが引き起こした熊襲事件のなかでは最も恐ろしい、最も重大な事件となった。

ところで、不思議なことに、このとき、この家の六才になる長女は、傷ひとつ負わなかったということだ。彼女は、夕方から寝込んでいて、この惨劇に気づかなかった。この事実は、今、クマの被害を防ぐうえで、何らかの示唆を与えてくれているように私には思われる。それにしても、親族の血の海の中で生きのびたこの少女の、その後の人生はどのようなものであっただろうか。

何とかして、クマに会いたい

もしこの苫前村の熊襲事件がきわめてまれな事件であるというのなら、それは伝説的な事件として終わってしまっていたことだろう。しかし、明治から昭和の初期にかけて、これに近い事件が実に数多くあったのである。まさに北海道開発にたずさわった人々とヒグマとの戦いの時代であった。最近では一九七〇年（昭和四五年）、日高《ひだか》山脈で登山中の福岡大学の学生三人が死亡した事件が有名である。

クマは、自分が倒した獲物に執着し、妨げる者を「排除」しようとする習性が強い。そのことが、犠牲者を追って来たり、また遺体から離れないという執拗さとなってあらわれる。クマによる事件は、食われる、血みどろになる、ということである。まさに恐怖心をあおる。農耕にたずさわってきた日本人にとって、血はタブーであり、過剰に反応する傾向がある。クマ調査に理解が得られないのは、そのことと関係しているように思われる。そして結果として、真の正体が解明されないまま、憶測、迷信を生んできたように思われる。

そのクマを、私たちはやろうとしている。狂気の沙汰だと、冷たい目に会う。それを激励の合図だと錯覚して、今日もまた山に行く。偏屈な男だと思われるほど、すでに私はのめり込んでいるのである。

私とクマとの最初の出会いは、何かドギマギとしたものだった。秋田大学教育学部の三年生だった私は、将来、理科の先生になりたいと勉強していた。勉強していたとは、相手の目をまともに見てはとても言えない。本当のところは、毎日、カモシカばかり追いかけていた。

ある日、私は担当教官のおともで八幡平《はちまんたい》にネズミの調査に出かけることになった。初雪まで、もう少しという晩秋のことだった。山の木々はすでに白い肌をさらしている。登山道の落葉が足に柔らかい。サクッサクッと、暖かい音があたりに響く。突然、先生が私をさえぎった。声を低くして言う。

「クマだ！」

私は必死に目をこらす。

「あすこだ、ミズナラの木の上だ、遠いなあ」

すでに何枚目かのシャッターを切っている。先生の目と私の目では構造も性能も違うのではないかと、あらためて尊敬したものだ。

「一、〇〇〇ミリ（の望遠レンズ）が必要だなあ……」

その言葉に、私は走った。車まで、何キロあったろう。胸も張り裂けんばかりに山道を走った。アルミのケースに入った大きな超望遠レンズを背負い、取って返した。息も絶え絶えに戻って来た。

「もうどっかへ行った」

その瞬間、私は思わず地面にへたり込んでしまった。

いつしかこの話にオヒレがつき、「米田は、クマを見て、腰を抜かして逃げた」とされた。ことあるごとに酒の肴にされ、無念であった。何とかして写真でも撮って、名誉を回復してやろう。そう心に決めたものだ。

鳥海山《ちょうかい》でクマが捕まったと聞けば、山奥まで飛んで行った。隣り町で人が襲われたと聞けば、本人に会いに行った。まだ包帯をした痛々しい手を振り上げて「非常識だ！」と怒鳴られもした。果樹園がやられたと聞き、木の上にヤグラを組んだ。三日間待ったが、出て来ない。あきらめて帰ると、桃がやられたの、梨が全滅したのと情報が入って来る。一年間、クマにはまったく出会えなかった。

大学五年目の夏、やっと「その時」が来た。町外れにある、リンゴ園でのことだった。

一週間、じっと待つ

リンゴ園がやられた、という情報が入った。さっそく行ってみた。ひどい被害だ。リンゴの木の大半の枝が折られている。桃は全滅状態だった。

「リンゴはくれてやる。けど、枝は折らないでくれ」

園主は、そう言って嘆いていた。怒るのも無理はない。

リンゴ園を中心に藪《やぶ》こぎをしてみた。リンゴ園に接する周辺の松林の中に、足跡と寝そべった跡を見つけた。あたりの茂みは踏み倒され、それがはっきりとした道となってリンゴ園に続いている。

「オレの道だ」といわんばかりの真っすぐな道だ。腐った松の木が折られ、アリが採食されていた。農道のぬかるみには、大人の手の平ほどの足跡も残っている。丸っこい手の平のまわりは、こんがらがった毛の跡でぼやけていた。つるんとした部分からは、クマの体温が伝わって来るようだ。

松林を調べてみて「クマが生活している」という実感が湧いた。足跡の方向、寝場所の分布、食痕の分布などから、クマは松林の方向から再びリンゴ園にやって来る可能性が強いと判断した。

「これはモノになる」と私は直感した。クマの肖像画は必ず撮れると確信した。どんなやつだろう。思いは馳《は》せる。

八月のある日、観察準備にとりかかる。リンゴ園から一五メートルほど離れた木の下にブラインド（観察用のテント）を張った。このブラインドは野鳥観察のために作ったものなので、一メートル四方しかない。したがって、その中で横になると七四センチメートルも足が出る。足がかじられてはかなわないから、気休めにブラインドのまわりにススキやヨモギなどを四〇本ぐらい地面にさした。それでも心配で、臭い消し用にと持って来たネズミの糞や尿を、ブラインドのまわりにふりかけた。本当に効くのだろうか。この方法は、以前先輩たちから聞いたことがあったような気がしただけだ……。

あと、餌の問題だ。これまでに得た多くの教訓から、おとり用の餌も置くことにした。

松林の中に、まず小さな茶碗ぐらいのアルミ容器にハチミツを入れ、置いておく。それでハチミツによく慣れ親しんでもらい、次にリンゴ園との境にドンブリぐらいのものを一個置く。最後に、カメラのピントを合わせた所定の場所に、本命の、たっぷりとハチミツの入ったアルミの鍋を置く。餌はこれでよいだろう。

撮影機材は、一人ではとても操作できないほど、いろいろと並べたてた。準備完了だ。

その頃は、まだ、クマは真夜中には活動することが少ないということを知らなかった。それで、夜中じゅう、目をこすりながら起きていた。

ブラインドの中で足を抱えて、覗き穴から一点を見つめているわけだが、これは見た目よりえらくきつい。いつのまにか、背を丸めて眠っている。おまけに、暑さのもどりでブラインドの中はサウナ地獄だ。

一日に一八時間もブラインドサウナに入っていると、頭に血がのぼり、一升ビンの水はどんどんなくなる。タオルはたちまちぐしょぬれである。

夜は夜で有象《うぞう》無象《むぞう》の虫どもが寄り集まって来て、しがない学生を苦しめる。蚊にはまったく降参だ。

クマより怖い存在だ。顔じゅうゴマをふりかけたように真っ黒である。クマに気がねして蚊取線香をたくわけにもいかない。ただもう身を委ねているしかない。

山の中の果樹園のこと、夜中には木々の葉のざわつきしか聞こえて来ない。始末の悪いことに、朦《もう》朧《ろう》とした目と意識が物影を寄せ集めてクマの形を作ってしまう。月明りにぼんやりと浮かび上がった虚像に、思わず「来たっ！」とシャッターに手が伸びる。この無意味な緊張は心臓にひどく悪い。ありとあらゆる妄想《もうそう》がかり出され、頭の中を勝手に走り回る。近くをカエルが歩いても、ぎくりとし、皮膚が粟《あわ》立つ。ブラインドの外に出ている足が気になり、さすってはまだくっついていることを確かめる。

朝、半分眠っているような体で起きだし、一晩じゅうさいなまれた体を草の上に横たえる。「今日も生き伸びていたか」と力なくうめく。

昼、一寝入りしてまた同じことを繰り返す。次の日も、次の日も同じことを繰り返した。五日目の朝は、雨だった。目の疲れと、情けなさに、涙の雨が降った。クマを見るということは、こんなに辛いことなのだろうか……。

六日目の夕方、買い出しから戻ると、驚いた。ハチミツが全部飲まれ、アルミの容器はぐしゃぐしゃになっている。容器をガムみたいにかじったに違いない。アルミの鍋には、小は釘《くぎ》ほどの、大は鉛筆ほどの穴が沢山あいていた。

「なるほど、アイツはこんな歯をしているのか」

七日目、考えた。クマは、どうも、完全に人気《ひとけ》がなくなるのを待って現われるようだ。

「ようーし、それなら」と、知人に頼んで、二人で一時間ほど大いに騒いだ。横目でちらちらとクマがいるはずの松林の方を見ながら、無理に高笑いをしている自分がなんとも情けなかった。そして知人には、天にも届けとばかりに大声で歌いながら、足音高く帰ってもらった。

「キャラメルコーン、ホオオホッホー」

あの歌も巧かったが、あの菓子も旨かった。

クマは座って、リンゴを食べた

焼けつくような日差しが、ようやく西に傾いた。今日もこれで暮れるのかと、落胆の夕食にとりかかった。

ふと、一五メートルほど先のそこに、黒い小山が築かれているではないか……。ク、クマか？　ク、クマだ……。

いつのまにやって来たのか、ツキノワグマの巨体が、逆光の中に、くっきりと浮かんでいる。思わず「アッ」と声が漏れた。丸い耳も、尖《とが》った鼻も、まぎれもなく彼のものだ。軽いめまいを覚え、すくんだ。すくんだ手を無理やりにカメラに伸ばす。シャッターを押した。その音は、驚くほど大きかった。

クマは、さっと頭を上げ、うかがった。次のシャッターを押すのがためらわれた。ファインダー越しに、アイツの小さい目と出会った。にらまれて、思わず肩をすぼめてしまった。アイツの顔は、実に大きい。顔に体が隠れてしまうほどである。

　逆光に、すべての彼の毛は白い光を放っている。胸には白い月の輪が輝いていた。警戒しているのだろう、弾力的に体をしなやかにうねらせ、草陰に身を沈める動作をする。

「しめた!」

　クマは、大きなアルミ鍋のハチミツを舐《な》め始めた。が、しかし、小さな目だけはクマとは別の人格でもあるかのように、片時も休まず周囲をうかがっている。意を決して、二回目のシャッターを押す。

「カシャッ!」

　わずかの金属音に、アイツはふっと腰を落とし込み、周囲を見回した。それから何回か、こういうことを繰り返した。ピンクの、柔らかい舌を巧みにしならせ、やがてハチミツを全部舐めてしまった。よほど夢中であったらしい。大きなアルミ鍋を両手で抱え込み、一滴も残さないぞという感じで、舐めていた。クマは器用なのだ。

（まるで子供だよな……）

　突然、金属音がきしみ、昨日同様、アルミの鍋を咬み出した。いくぶん黄色味をおびた犬歯《けんし》が鍋をうがち、丸い穴がいくつもあいた。思わず背筋に冷たいものが走る。彼は、今日も三個所の、一升《しょう》からのハチミツを平らげてしまったのだ。糖分の取り過ぎではないか……。

　ハチミツがなくなり、今度は、風で落ちたリンゴにかかった。この時、本当に思いもかけず、アイツは背を丸めて地面に座り込んでしまった。安全だと思うと、山親父《やまおやじ》本来の姿を見せてくれるものらしい。クマの愉快な面を知り、嬉しくなって頬がゆるむ。

片手で、西洋人が「来い、来い」をするように、地面に落ちたリンゴをすくい取り、ガブリとかじりついては、あまり咬みもせず呑み込んでしまう。口の中はリンゴだらけで、はみ出したリンゴのかけらがぼろぼろとこぼれ落ちる。

そんな姿を見て、私はまた嬉しくなった。クマをとても好きになりそうだ。気に入らないリンゴには目もくれず、日にあたって赤くなっているものだけを口に運ぶ。何もせず、ぼっと座っているだけのこともあった。彼も、カモシカのように「山の哲人《てつじん》」の仲間入りがしたいのだろうか。

(いいよ。その考えているような感じ……)

二〇個も食べた頃だろうか、突然、私の後方で、害鳥を追うアセチレン爆音器が大音響を発した。

「ドッカーン!」

いやはや……。目の前が真っ暗になった。クマはもっと驚いたろう。それでも、ちゃっかりリンゴをくわえたまま逃げて行った。まさに早わざで、見事というほかない。文字通り吹き消すように、ふっと、音もなく黒い姿は消えていた。

結局、いい写真は撮れなかった。彼が頭を上げると、私は目を伏せ、彼が頭を下げると私はシャッターを押す。そのことの繰り返しで、結局、写真はどれも、頭を下げたものばかりだった。ファインダーの中の彼の目が怖くて、私は目を合わせることができなかったのだ。

短い時間だったが、幸せだった。ハチミツがしたたり落ちる口を、左右にゆっくりと振りながら、大きな口でリンゴに食らいつくさまは、初めて見る光景としては、あまりにも強烈すぎた。あれから、私は憑《つ》かれたように、クマを追い続けるようになってしまった。

以後、ガラパゴス諸島を旅行したりカモシカを追いかけたりしながら何とか大学を卒業、一九七三年（昭和四八年）四月、私は、秋田県庁に奉職した。そして設立されたばかりの秋田県鳥獣保護センターに配属された。そこで、傷病鳥獣の収容や、救護、保護思想の普及などに当っていた。しかし休日には、相変わらずカモシカや夜行性動物を追いかけていた。毎日二四時間、動物にばかり囲まれて生活していたことになる。

秋田県鳥獣保護センターは野生鳥獣の情報センターでもあったため、県内での動物のいろいろな情報が入って来る。そのおかげで、貴重な動物や、珍しい出来事にしばしば接することができた。そんな中で、その頃、いわゆる「又鬼《またぎ》」にも興味を持つようになっていた。

又鬼のシカリ

一九七七年（昭和五二年）の前後五年ほど続けて、私は狩猟集団としてつとに有名な秋田県阿仁《あに》町の阿仁《あに》又鬼《またぎ》の春グマ狩りに参加した。全国に散在する又鬼集団のなかにあって正統を持って任ずる「又鬼のなかの又鬼」、誇り高き阿仁又鬼に身近に接しえたことは、私にとって幸せであった。

古来からの狩猟風俗と伝統を受けつぎ、クマと密接なかかわりを持って生活している又鬼の実態とは、どのようなものだろうか。それを知ることは、科学的な調査とあわせ、クマの生態を知るためにどうしても必要なことだと思った。

阿仁又鬼にも、三つの流れがあり、古来からその腕を競いあってきた。根子《ねっこ》又鬼、比立内《ひたちない》又鬼、打《うっ》当《とう》又鬼である。比立内の集落は、以前は阿仁鉱山の宿場町として栄え、そのため比較的開けた明るさがある。他の二集落は、沢の最奥に打ちあたったあたりに民家が散在するという、どちらかといいえば閉塞感《へいそくかん》のある集落である。

雪が庇《ひさし》の下にまだ二メートルも残っていた四月の下旬に、私は打当又鬼のシカリ（頭領《とうりょう》）、鈴木松治さんの家を訪ねた。

「よくいらしやした」

鈴木さんは、端然《たんぜん》として私を迎え入れてくれた。又鬼のすべてを知りたいと言う私に、彼は、標準語を主として大げさにでもなくたかぶるでもなく、たんたんと過去の事例を話してくれた。

沢山の昔話を聞いた。それは手柄話でもなんでもなく、日々の生活そのものだった。彼は「頭撃ちの松治」と尊敬されて呼ばれていた。越冬中のクマの頭をただの一発で撃ち抜くからだ。

「社会も変わった。ワシも現代流の又鬼になるつもりです。だども、まず山に行ってみなくては、我らの生きざまは分かり申さねえと思いますじゃ」

先代のシカリの鈴木辰五郎さんは鈴木松治さんよりもさらに武勇伝の持ち主で、「空気投げの辰五郎」として、生きながら伝説の人となっている。

その他、何人もの又鬼に会った。皆、武勇の人たちであった。しかし彼らは、皆、生き物には暖かい心を持っている。高堰喜代志さん、松橋金蔵さん、思い出に残る山人たちだ。

阿仁の山里の春は遅い。それでも庇に垂れ下がった氷柱《つらら》が太くなるにつれて、男たちは落ち着かなくなる。

「もう、そろそろだべか」

会う人ごとに声をかけあう。男たちの心は、すでに山に向かっている。

彼らの猟場である森吉《もりよし》山の岩井《いわい》ノ又《また》沢にクマが入ったという情報がもたらされた。五月初めのことである。急ぎ、巻狩りの触《ふ》れが回った。又鬼たちはうちそろい、山の神に参拝し、打当川で水垢離《みずごり》を取った。

「嶽《だけ》は雪、里は霰《あられ》、南無《なむ》アブラウンケンソワカ……」

一心に祈る。川の水をかぶる男たちの背に湯気が立ち登り、気配がにじむ。

翌朝、まだ夜も明けきらぬうちに、身を清めた二〇人ほどの集団が、粛粛《しゅくしゅく》と森吉の山を行く。一列になり口を開くこともない。

銃を背に、腕を組み、堅い雪を踏みしめ、ただひたすらに歩いて行く。

私の心臓はもうとっくにあえぎ出している。全身から湯のような汗が吹き出す。足が鉛のようになっても、まだ「休め！」の号令はかからない。

木々の芽がわずかに萌《も》え、春光は雪に照り返って強烈に目を射る。真っ白い森吉山が天を突き、雪解け水を集めた幾すじもの沢は奔流《ほんりゅう》となって走っていた。

見通しに出た。シカリの目が異様に輝く。配下を見回し、低く、言葉短く、指示した。

「オメどは、あの沢ば巻いて上ってコ」

勢子《せこ》は、足早に散って行く。誰からもその力量を尊敬されている八人のマチパ（射手《いて》）が、さらに苦行し、尾根の上に包囲網を展開した。

シカリは全体を見渡せる尾根の突端に陣取った。私はシカリである鈴木松治さんから離れなかった。

「オメは、そこから決して決して動くなよ」

言葉はゆったりとしているが、冷厳だった。身を固くしてクマを待つ。

シカリは、ブナの大木の前に立ち、身じろぎしない。木と同化しようとでもしているのだろうか。息を殺した古武士のような気配に、私は射すくめられていた。

汗の吹き出す行軍から、一転し、静かな石のような待ちに入った。汗が凍り、身が切られるほどに寒い。

「ホーイ、ホリャ、ホーイ」

遠く、遠く、クマを追い上げている勢子の声がする。

はるか向こうの斜面を、黒い点が横切った。シカリの目はそれを見逃さなかった。鋭い目がクイッと走る。

「米田さん、見なせ。クマは今まで薮さ刺さって寝てたのし。ホレ、あの勢子ば伏せてやり過ごしておいてから、ダル（鞍部《あんぶ》）ば越えてこっちさ来るから」

鈴木松治さんは、小さいが、しかしよく通る声で言った。クマはその言葉通り、勢子を〝伏せ〟てやり過ごしておいてから、こっちに向かってやって来る。

「イタズ（クマ）出だ――。シルベ（鉄砲）タダゲ！（撃て！）」

勢子が怒鳴っている。たまらず射かけた者がいた。

「ズッダーン」

轟音《ごうおん》は幾重にも山々に響き渡った。

「遠い」

老シカリは少し渋い顔をしたが、まだ腕を組み、動じなかった。目の前に現われるのを待っているのだ。

又鬼は、どのようにクマを狩るか

ついに来た。

ゆうゆうと、黒い王者がその正体をシカリの眼前にさらけ出した。しかしシカリは、まだ依然としてブナの木の前だ。

皮下脂肪を消費し尽くし、ゆるんだ皮をぶよんぶよんとたるませた大グマが、シカリに呼び込まれるように歩んで来る。警戒心がまるで見えない。

が、しかし、シカリの銃の照準は、今や、そのクマの心の臓の真っ芯を捕らえていた。銃口は今、生命体であるかのように深く息づいている。

「まだよ、まだ、まだだ。引き付けるんだ！」

自分に言い聞かせているのだろうか。

私の、シャッターを押す指がかなかなと震える。歯にきしりさえ覚える。シカリは引き金を絞った。

「ズッガーン」

銃声が耳をろうし、青い硝煙《しょうえん》が鼻孔をかすめた。クマは、その瞬間、大きく振りかぶり、自らの傷口をがぶりと咬んだ。黄色の牙が光った。

次の一瞬、わずかに息を呑み込むと、黒いクマは、自分に何が起こったのかも知らずげに、昨夜来薄く積もっていた雪を朱に染めて、滑り落ちて行った。刹那《せつな》、シカリはひるがえり、銃をもどして近寄って行く。

呆然と立ちすくんでいた私も、勇気を奮い起こし、その後に従う。クマは、すでに目に光を失っていた。

「こと切れでいる」

シカリは、慎重にうかがいながら、短く言った。

おびただしい血が雪ににじみ、赤から朱色へと変わりつつあった。黄色味をおびた牙を剝《む》き出しにして、クマは静かに横たわっていた。口からは、しなやかな舌が異様に長く伸び出している。王者の体から、徐々に温もりが失せていった。

又鬼たちが、一本の棒を支点にして雪を滑り、雪煙を巻き上げながら、風神のように集まって来た。

「こりゃ、三〇貫《かん》はネベドモ、二五貫（九四キロ）はあるベオ」

大物である。皆の満面に笑みが走り、深い喜びの皺《しわ》が刻まれた。連綿《れんめん》と続く又鬼の誇りが谷に満ちた。

四人で両手足を持ち、獲物の頭を北に向け、腹ばいにさせる。儀式が始まった。王者の魂を安んじようというわけだ。これを「ケボケ」と言う。今、この儀式を執《と》り行なえる人は少ない。

皆、粛として立ちつくす。儀式を伝える長老が、クロモジの小枝を持ち、獲物の背中を掃き清めるようにさすった。長い長い呪文《じゅもん》が、地を這うようにゆったりと流れる。

「東はメインコサンガイ皇国仏神《こうこくぶっしん》。西は弥陀《みだ》の救い……一時の魂をふれん。このニンドあいブッカ追え。南無アブラウンケンソワカ……」

いま、王者の魂は安んぜられ、すべてが大地に還元される時が来たのである。

「ありがたいことだ。そなら、バラさせていただくべか」

皮断《かわだ》ちに入った。老練な又鬼たちが声を発することもなくコヨリ（小刀）を鋭く打ち走らせていく。着物を脱がせるように瞬時に皮が剝がされた。クマの黒い体は、一転して、脂肪の真っ白い体に変わった。この時においても彼らは、いっさいの私語や、また喜びの表現もしなかった。しかし、体全体の動きから、喜びの表情が放射していた。

最も貴重な賜わり物である「クマノイ（胆嚢《たんのう》）断ち」は、長老が手を下す。弓手《ゆんで》にクマノイをいたわるように持ち、馬手《めて》のコヨリが円弧を描く。生命の根源であるかのような濃い緑色の賜わり物は、かすかに息づく。

「お宝様だ、ありがたいことだ」

長老は、クマノイを両手に捧げ持った。そして残った獲物が一気に解体され、細かく分けられ、この日参加した者すべてに均等に配分された。

「ハイ、アンダさも配当だ」

私にも、二つかみほどの肉をくれた。それが又鬼勘定《かんじょう》というものだった。又鬼たちはこの時、わず

▲八〇キロ近い大物の解体。
解体は熟練者が行ない
コヨリ（小刀）を入れる順序は決まっている。
口元から胸元へ、左右の前足、腹、後足へと
順次切り込みを入れ
外套を脱がすように皮を剝ぐ。
▼右：最も貴重なクマノイ（胆嚢）である。
漢方薬としては最高級に属する。
左：当地ではまだクマの血を飲む習慣がある。
クマは、糞以外、すべて〝金〟になる。

かに頬を崩した。

彼らは、その時、野の鳥であり獣だった。日々が満たされるなら、それ以上の多くはいらない。それはオオタカが日に一匹のウサギに恵まれ、キツネが日に一羽のヤマドリにありつけたら満足するのと同じことだ。たしかに彼らはクマを殺した。しかし彼らは、クマに生かされ、そしてクマを生かしてもいるのだ。

鈴木松治さんはこう言った。

「俺らどは、日曜ハンターとは違う。多くはいらねえ。毎年、獲物が少しずつあればいい。俺たちはクマの全部を使う。骨も、脳みそも、内臓も食う。血も干して冬に食べる。なにも無駄にはしねえ。俺らどの村には何もねえ。クマ狩りは最高の楽しみだ。一頭三〇万、一〇頭で三〇〇万だ。大事な財産だ。いなくなったら困るのは俺らどだ。ありがたいことだ」

息吹く春、秋田県阿仁町。いまだ掟《おきて》は守られ、呪文が脈々と息づいている世界であった。だがしかし、「又鬼」は、いまや「文化財」として保護し、存続をはからねばならない段階にきているように私には思える。彼らが、日曜ハンターとして堕《だ》していく姿を、私は決してこの目で見たくはない。

野生動物の調査は命がけである

ところで、野生動物を調査するにあたっては、さまざまな危険がともなうものである。予想もしなかったことが、突然、起こることがある。その一端を述べておこう。

一九七七年（昭和五二年）の晩秋だった。県内のある新聞社が、県内の「秘境探検調査」を主催したことがあった。植物班一名、動物班は私、地質班二名、ルート工作班三名という構成で、他に山に強い取材記者三名が同行した。

秋田県北部の森吉町に、ダム建設によってできた太平湖《たいへい》という湖がある。その湖をボートで渡り、小又狭《こまた》という渓谷をさらに奥地までさかのぼって行こうというものだった。その渓谷を中心に、周辺の動植物の調査、地質調査をしようというわけである。

地元の又鬼によれば、「このあたりには、クマは、カラスなみにいる」ということだった。それは楽しみではないか。しかし、渓谷の両側はナイフで切り落としたような断崖絶壁である。しかも、地質学者がいみじくも言ったように、ハーケンも効かない「乾いたあんこ」のようなもろい絶壁である。そんなところをザイルで登り降りするなんて、命がいくらあっても足りはしない。それで私は、その方面の調査はあきらめることにした。

私だけ離れて、近くの牧場でキツネの調査をしてみることにした。前の日、トリガラをまいておいたら、何者かが食い散らかした形跡があったからだ。

（ウーン、これはキツネだ。キツネのおしっこの臭いがする……）

その牧場には、赤牛が一〇〇頭はいただろうか、ゆったりと草を食んでいた。いくらか小高い場所に陣取り、まわりに木の枝をたくさん立て、寝袋に入って、夜を待った。一五メートルほど先には、キツネの喜びそうなトリガラが、まだ湯気を立てている。晩秋の月が遠く白い。夜の九時ともなると、寝袋は霜で真っ白になる。

やがて遠くで、キツネが「ギャーッ、ギャーッ」とくぐもった声をあげた。

(来るぞ、来るぞ……)

一〇時を少しまわった頃、静まりかえった広大な牧場の片隅で「サワッ、サワッ」という音がした。虫が枯れ草の上を這いまわるような音である。

あれっ、と小首をかしげ耳をすます。キツネとは、ちょっと違う。音はやがて、重量感を増したようだ。地面には、わずかながら振動も伝わって来る。

(キツネにしては、いやに重い足音だなあ……あれっ、あっ……)

突然、そいつが、私のすぐそばで、いきなり「ブホオー」という激しい威嚇音《いかくおん》を発した。そして、土くれをまき散らし、走って行った。あまりのことに仰天した。

「クッ、クマだ!」

頭の中が混乱して、何が何だかわからない。クマにもみくちゃにされてはたまらない。慌てふためき、寝袋のチャックを降ろそうとする。しかし、降りない。手がむなしく空を切る。

次の瞬間、今度は、遠くで、とんでもない地響きが湧き上がった。地響きは幅の広い巨大な質量となって、こちらへ一直線に向かってやって来る。牛の群れだ! と理解するのに、さほど時間を要しなかった。私は、夜目にも真っ青になっていただろう。口が引きつっていた。

(ワーッ、ベッ、ベコだ! とんでもない。本当にとんでもない)

あの赤牛の群れに踏まれたら、生きて帰れる望みはない。恐怖心は頂点に達した。ライトを探す。あるにはある。しかし、寝袋から手が出ない。ベコは、一団となって黒山(赤山)のごとく走って来る。

私は、無節操にもありとあらゆる神々に祈っていた。牛たちは、もう、すぐそこまでやって来ている。なるべく牛たちに気づかれるようにと、芋虫《いもむし》のようにのたうった。

どの神様が助けてくれたのか、私は知らない。突然、先頭集団が急ブレーキをかけた。よだれを垂らしに垂らして「ブオー、ブオー」と鳴いている。

しかし、後ろに続く牛たちは、行け、行けとばかりにせき立てている。もう生きた心地がしなかった。先頭集団は、私の直前で二手に分かれ、雪崩《なだれ》をうって走って行った。

(たっ、助かった!)

見ると、寝袋のチャックのつまみが取れていた。最初の「ブホオー」で、驚きのあまり力まかせに引きちぎっていたのだろう。あの「ブホオー」は、クマではなく牛だったのだ。ベコのやつ、きっと、近づいて来たクマを恐れて、逃げ出したのだ。この地方では、よく放牧中の牛がクマに襲われることがある。しかし、そこまでは予想できない。

すごすごと、私は、牧場から退散した。恥ずかしくて宿に帰ることができず、途中にあった公衆トイレに泊まってしまった。

翌朝、他の調査員たちがフィールドに出かけたのを見計らって宿に帰った。その日一日、宿の天井を見つめ続けた。夕方帰って来た調査員の一人が、けげんそうに声をかけた。

「クマをやる人は、さすがにどこか違いますなあ。何か楽しいことでもあったようで、疲れましたか?」

話は、これで終わったわけではない。その晩、さらにもっと大きな溜息の出るような事態が起ころうとは、この時、まだ思ってもいなかった。とにかく、野生動物の調査には、予想もしていなかったようなことが起こるものである。

夕方、目を覚ますと、私はおにぎりをもらい、今夜はクマを見に行くと言って出かけた。寝てばかりはいられない。

ボートで太平湖の対岸に渡り、地元の人がにやりとして「クマのアパートだ」と言った沢に入った。船頭は「明日の朝六時に迎えに来るからしゃー」と言い残し、逃げるように帰って行った。

さっそく、準備にとりかかる。まず岸辺から流木を拾ってきて、それにハチミツをぬり、餌場を作った。そして、そこから一五メートルほど離れたミズナラの木の上に観察地点をもうけた。

これまでの経験から、短期間の観察であれば、木のようなものにハチミツをぬった方が、空気との接触面積が大きく、容器に入れておくよりも匂いが拡散するから、クマをおびき出すにはよいようである。

地上から三メートルくらいの高さのミズナラの木の枝にハンモックを張り、幹にはカメラの三脚をくくりつけて、準備完了。

おっと、おしっこを忘れずに。他の動物の尿を周辺にまいておくと、動物はほとんど寄って来ない。

彼らは、臭いには敏感なのだ。私はいつも、特別に広口のビンを用意している。

ハンモックは、ゆらゆらと心地良い。質素な夕食にかかった。リンゴを落としてしまい、仕方なくナシを食べて、ひと寝入りすることにした。

ふと目を覚ますと、前夜とは違い、あたりは暗黒の世界だった。時計の文字盤さえ見えない。なんたることだ、こんな真っ暗い闇夜にクマは活動するものだろうか。やがて、冷たい小雨も降り出した。九時半頃だったろうか。何やら、かさこそと、枯れ葉のこすれる音がする。静かな森に、それは意外に大きく響く。ネズミだろうか、走り回っているようだ。音が近づいて来ているのは分かる。しかし、さっぱり得体が知れない。クマにしては音が小さいなあ、と思っていると、突然、餌場の方で「フウー、フウー」と、重い息を吐く音が聞こえて来た。

「すわっ、クマだ！」

だが、真っ暗でさっぱり分からない。なにしろ、闇夜のカラスならぬ黒クマである。これではシャッターすら押せない。足音の大小から判断して、どうも親子連れらしい。

内心、これはいやなことになったと思った。子連れは、恐ろしい。子連れのクマと、夜の森をわけもなく歩いている人に出会うと、思わず背筋が寒くなる。子グマの足音が近づいて来る。

（来るな、お前なんか、あっちへ行け！……）

そんな祈りを知ってか知らずか、子グマはどんどんこっちにやって来る。クマの観察者がクマに退散を願うとは……。とうとう、ハンモックの真下までやって来た。とんでもないやつが来たものだ。

「パクリ、ゴクリ」

何かを咬みくだく音がした。驚いた。思わず腰を浮かしてしまう。

（しまった、あのリンゴだ！……落としたリンゴを食っているのだ……やめてくれ、リンゴなんか食わないでくれ、神様！）

またまた、前夜同様、あらゆる神様にお願いするはめになった。しかし、もう神様には頼んでしまった。思わず「かーさん！」と小声でうめいた。

「フウー、フウー」

今度は、母グマの吐く息が低く地面をはって来る。母グマは、とっくに人の気配を感じているのだ。ものすごく警戒している。

クマに私の臭いを取られないようにと、前もってウサギの尿をしみ込ませた魚網を頭からかぶっていた。だから、絶対に気づかれるはずはないとは思いながらも、絶望感は一二〇パーセントというところだった。

二日続けて、私の魂は痛めつけられた。もう限界である。いきなり「グルルーッ」と母グマが重低音で喉をならしたとき、その声は私の頭に突き刺さり、足に抜けた。全身の血が、瞬間冷凍されたように思えた。

（もうだめだ、我、二九歳にして人生の終焉《しゅうえん》を迎えるのだ！）

そんな哲学的考察などしている状況ではなかったが……。

待てよ、ハンモックだ。ハンモックは、尻の部分が下がっている。地上から二メートルくらいしかない。あいつが背伸びしたら届く範囲だ。

（尻だ、尻がやられる。オレの尻なんか旨くない、食わないでくれ……）

来るか、いま来るか、いつ尻を取られるか。尻を取られたら痛いだろうか。尻が血みどろになるのだろうか。全身に鳥肌が立ち、筋肉は統制不能という感じで震え、思わず泣けてしまった。こうなるのだったら、前夜、牛に踏まれておけばよかった。爪でずたずたになるよりも、踏まれる方がましだった。

相変わらず、母グマはうなり、歩き回っている。気づかれまい、音は立てまい、鼻水が垂れようが、足がかゆかろうが金輪際動くまい。咳《せき》も、目を丸くして呑み込んだ。あとは心臓を止めるしか手立てはない。

このような時に、できることはないだろうか。必死で考えた。そうだ、被害をいくらかでも軽くするには、この手しかない。私は、両手をほんの少しずつ、本当に少しずつ動かして、尻に当てた。

このまま飛んで帰りたい。この場所にはいたくない。気持ちだけが、宿の暖かいふとんのぬくもりを追っていた。

三〇分もたったろうか。さらに驚愕《きようがく》が真下から突き上げて来た。

「バチンバチン、ゴリゴリ」

（ウヘー、もう駄目だ）

尻がかじられているのではないかと思った。それにしては、当てがっている手が痛くない。ついに神経がやられたか……。

その堅いはじける音は、ドングリを食べていたのだ。何たること、ドングリのなるミズナラの木の上にハンモックをつったのだ。

「バチッ、ゴリゴリ」

この音を、この晩何回聞いたことだろう。あの大食漢の胃袋を満たすためには、ドングリの実を、いったいあと何個食べればよいというのか。無情にも、雨が本格的になってきた。寝袋もカメラも、すでにびしょぬれになっていた。

「ハウー、ハウー」という母グマの低い声と、「ウエッゥエッ」という小グマのかん高い声が入り混じり、からみあっている。何ということだ。警戒心を解いたのだろう、今度は親子でじゃれあっているではないか。

(へえッ、驚いたなァ。クマも親子で遊ぶんだ……)

いくらか余裕を取り戻し、きき耳を立てた。「クエッ、クエッ」と、子グマが小皿をたたくような鋭い声で母グマに話しかける。ああ、しかし、早くどこかへ行ってくれ。寒さと恐ろしさのために、ついに、歯の根が合わないほどの震えが私を襲って来た。

(もう、クマは嫌だ。もうクマは、絶対にやらない!)

一一時をまわった頃、やっと母子グマは、森の奥へと消えて行った。朝近くになっても、まだ頭のすみずみまで醒め渡り、震えは依然、止まらなかった。

ところがである。朝の四時頃、またしても、あの母子グマがやって来たのだ。森には他にも帰り道があろうというのに。わざわざここを通らなくてもよいではないか。もう、情けなくて情けなくて、本当に涙も枯れ果てた。もう、抵抗する気力はまったくなかった。

◀早春の残雪期。
クマはブナ林地帯や雪崩地に集まり
前年に落ちたドングリや
ブナの花芽を採食する。

◀クマの生息地では
しばしば養蜂への食害が見られる。
その他、果樹、トウモロコシ、スイカ、
メロンなど、甘いものを好む。

しかし、祈りが通じたとしか言いようがない。何回かのあの「パチン、ゴリゴリ」を聞かせただけで、母子グマは立ち去って行った。

ボートよ、早く来い。朝六時ぴったり、軽快なモーター音が湖面から伝わって来た。

（助かった！　正直な船頭さんだ。神様だ……。オーイ、オーイ……）

私はまるで三〇年以上も孤島に住んでいたかのように手を振っていた。

教訓は、より高い所に陣取れ。そして、あいつには臭いを取られるな。

テレメトリー法によるクマの追跡

一九七九年（昭和五四年）四月、私は秋田県環境保健部自然保護課に配置がえになった。そこで鳥獣保護を担当することになった。これまでの秋田県鳥獣保護センターは、この自然保護課の出先機関である。

当時、自然保護を担当するのは、どこの県でも比較的新しい部門であった。戦後、産業活動の成長とともに、昭和三〇年代後半から、多くの公害問題が一気に噴出するようになった。それに対処するために、国は、昭和四五年に環境庁を発足させた。

それにならうように、各県でも自然保護行政を担当する部門が置かれるようになったのである。各県によって、その部門の呼称はまちまちである。所属する部局も、農林部系、福祉部系、環境部系などにわかれている。秋田県では、課として発足したのは昭和四七年からである。鳥獣行政についていえば、狩猟関係は林政部林政課が行ない、その他の鳥獣保護業務は環境保健部自然保護課が行なうことになっている。もともとはすべて林政課の範囲であったものを切り離したわけである。いわゆる狩猟系と保護系とをわけている県は他に一県しかない。

さて、すでに述べたように、一九七九年（昭和五四年）、秋田県ではクマの異常な出没が相次いだ。この事態に対処すべく、県は、クマの実態調査をする必要に迫られていた。一人が死亡し、十四人が重軽傷を負い、甚大《じんだい》な農作物被害をもたらしたこの異常な事態は、なぜ起こったのか。どのような対応策を立てなければならないのか。それは、まさに地域住民に直結した行政といえた。

そのため、林政課では、翌、一九八〇年（昭和五五年）から、主に有害獣として射殺されたクマについて、食性、繁殖年令、性別、年令、寄生虫の有無、生息分布などの調査を始めた。

しかし、これだけでは、例えば、クマはどういう場所で生活し、どのくらい移動し、どのような場所で越冬し、どのような時間帯に活動するのかといった、いわゆる生態学的な知見は得られない。クマがどれくらい移動する動物なのかが分かるだけでも、例えば「重複目撃」という問題を解決できる。「クマがたくさん出た」と言っても、実際には、同じクマがA町でもB町でも目撃されていたのではないか。それを重複して数えたのではないかという疑問は、これまでもずっとあった。

現在、調査の結果として「クマは黎明薄暮《れいめいはくぼ》型の行動をする」ということがわかっている。こういったことのなかに、農林被害を軽減する方策を示唆してくれるものがあるはずである。

クマを実際追跡することは、生きたクマそのものを知る手立てとして、是非とも必要なことだった。それはひいては、クマを保護する一つのステップにもなる。

そのようなわけで、自然保護課では一九八一年（昭和五六年）から、「生きたクマ」の調査を実施することになった。その前年、クマ調査の予算を財政当局に要求した。かつて「俺が県庁に戻ったら予算を取れるように頑張ってみる……」と言ったことが、今、実現しようとしていた。クマを捕獲して、首に弱い電波を発信する首輪を装着し、再度放して、そのクマを追跡しようという、いわゆるテレメトリー調査を実施するための予算要求であった。

しかし、財政当局は、生きたクマなど、どのようにして捕獲するのか、どのようにして追跡するのかと、鋭く追及する。もっともである。私は、泥縄式《どろなわしき》に勉強を始めた。

全国的に見ると、各研究機関で、テレメトリー調査法は、各種の動物に対して応用されていた。ムササビ、リス、シカ、鳥類、キツネ、ネズミなどで行なわれていて、生きて山野を走り回っている野生の動物の動きが手に取るように分かるという素晴らしさが伝わってきた。生きているからこそ野生であり、死体からの資料だけでは、どうしても生きた姿は伝わらない。

しかし、利点とともに、限界もまた数多くあった。過去、首輪の脱落、送信アンテナの折損《せっそん》など、事故は大変多かった。麻酔による事故もあったが、それは、その動物にあった麻酔薬、適量の問題など、次第に改良されつつあった。

ところで、テレメトリーのテレとは「遠く」を意味し、要するに遠くの情報を得る調査法である。生きた動物を捕獲し、これに弱い電波の出る首輪を装着して、再び山野に返し、これをアンテナを持った人が追跡して行く。電波の来る方向が装着動物の方向で、この方向を探るのが「方探《ほうたん》」あるいは「ロケーション」である。追跡は「トラッキング」と言う。

このロケーションを数個所で行ない、地図上に発信方向の線を引く。何本かの線が交点を作る。そこが、追跡中の動物の現在位置である。これを連続して行ない、活動地点を地図上に落として行く。それを見ることによって、どのような経路で移動しているか、どのような環境に長く滞在しているか、どのような時間帯に活動しているか、その季節的な変化、どこに越冬しているか、などが次々と浮かび上がってくる。つまり、大きな時間の流れのなかで、クマの生態を知ることができる。

この調査法は、当然、限界があるとはいうものの、これまでの目視《もくし》による追跡に比べ、労力的にも、また危険から免《まぬが》れるという点でも、はるかに有効である。危険から免れるということは、クマの調査にとって、とりわけ重要なことである。

たしかに、このテレメトリー追跡法は、技術的にはまだ揺籃《ようらん》の時代にあった。ちなみに今日でも、まだ完璧というわけではない。しかし、キツネ、タヌキ、シカなどではかなり成功していた例もあった。予算獲得技術としては、成功している例だけを羅列し、画期的なことだとして資料を作り、提出した。

結局、クマのテレメトリー法による追跡調査を、各年ほぼ二〇〇万円ほどの予算で、三年間行なおうということになった。その成果として「県の鳥獣行政に直結した即効性のある資料を得ること」というのが裁定の条件であった。

たいしたことのない金額だと思われるだろうが、貧乏県としてはよく出したものだと感心する。

その当時、クマに関する研究はどの程度まで進んでいたのだろうか。クマにかぎらず、大型の哺乳類がどの程度研究されたかについては、その年々に発表された文献の数で、おおまかな目安がつく。

次の表は、石川県白山自然保護センターの野崎英吉氏が、過去に日本で報告された報告書、論文、出版物の中から、それぞれの動物に関係するものを抜き出し、整理したものである。

年代	カモシカ	シカ	クマ	イノシシ
一九一〇(明治四三年)	1	1	1	1
一九二〇(大正九年)	0	5	2	1
一九三〇(昭和五年)	1	11	8	0
一九四〇(昭和一五年)	0	3	2	1
一九五〇(昭和二五年)	7	15	17	2
一九六〇(昭和三五年)	16	14	10	5
一九六五(昭和四〇年)	43	18	27	3
一九七〇(昭和四五年)	90	23	53	7
一九七五(昭和五〇年)	144	58	49	12

合計　　　　　　　　３０２　１４８　１６９　　　　32

この中で野崎氏は、クマに関する文献以外は、昭和三五年以降に増加しているとしている。とくにカモシカにその傾向が強い。そうなった理由として、この時代から、これらの動物による被害が大きくなったことをあげている。ところが、クマだけは、なだらかな増加である。これは動物の社会的地位、すなわちカモシカは天然記念物であり、クマはただの狩猟獣であるという格差から生じたものであろうと言う。

クマの報告書の内容を調べていくと、昭和三五年代までは、生理と被害報告がほとんどである。当時、人および家畜への被害、農業への被害はもちろんであるが、とりわけ林業においてはクマが植林木の皮を剝ぐという、いわゆる「クマハギ」が大きな社会問題となっていた。

昭和四五年代になって、ようやく食性の分析、被害発生機構の解明、個体数の推定などが行なわれるようになった。今日でもしばしば引用される論文に次の二つがある。

一、山本教子　１９７３　ニホンツキノワグマの食性——白山を中心に——白山資源調査事業１９７２年度報告49—59　石川県

二、水野昭憲・花井正光・小川厳・渡辺弘之　１９７２　テレメーターによるツキノワグマの行動追跡　京大演習林報告43：１—８

前者は、糞や胃内容から、クマの食性分析を行なったもので、食性、生理、農林被害の研究に大きな影響を与えた。後者は、クマの生態や行動の研究に大きな発展をもたらしたもので、我が国で初め

て、生きたクマを正確に追跡して行なったものである。

ところで、テレメトリー法によるクマ類の追跡は、アメリカでは格段に進歩していた。しかし、日本でこの方法によってツキノワグマの追跡がなされたのは、一九六九年（昭和四四年）、京都大学が京都市近くの京大芦生《あしお》演習林で行なったものが最初である。当時、まだクマに対するテレメトリー調査は技術的に未完成で、四日ほどで追跡不能となってしまった。しかし、この試みは、日本の動物の生態調査、行動の研究に大きな刺激を与えるに十分だったと言えよう。

「鳥獣行政に直結した即効性のある資料」もさることながら、私は、いまだに確立されていない「クマの追跡法」を模索してみたいという思いが強かった。同時に、いまだ十分には明らかにされていない生きたクマの生態にも関心があった。個人的な興味としては、越冬中のクマの生態、とりわけに出産の様子を調べてみたいとも思っていた。まだ誰も見たことがない「出産シーン」の観察は、私にとって悲願ともいえた。

テレメトリー法による調査の限界は、技術的なものと人的なものに大別できる。技術的なものは、限界というより完成度の低さと言えた。それでも当時、専用の機材はきわめて高価で、アンテナ一本が三三万円もしたのである。受信機、発信機の値段は推して知るべしである。

人の問題は、すなわち追跡の問題であり、人員確保に尽きる。この調査の成否は、いかにやる気のある、体力のある、若さのある人材を確保するかにかかっている。

年間約二〇〇万円の予算のうち、試算したところ、機材購入費には約八〇万円しか当てられなかった。これで、高価な檻《おり》を含めて、キャンプ道具、各種機材など、一切を購入しなければならなかった。

当時、我々には、クマ調査に関して情報の入って来るルートがまったくなかった。そのため、技術導入をするという考えは浮かばなかった。その結果、まったく新しい発想で取り組めたともいえるし、一方、それに伴う悩みも数多くあった。

その悩みの一つに、首輪に封入する発信機の周波数を一四四メガヘルツ帯にするか、あるいは五〇メガヘルツ帯にするか、という問題があった。

その頃、動物のテレメトリー調査では五〇メガヘルツ帯を使用するのが普通で、一四四メガヘルツ帯を使用している例はなかった。しかし五〇メガヘルツ帯は、波長が長い分、追跡側のアンテナが大きくなるし、目的動物の方向を測定するのに、方向の巾が広く示されるという難点がある。結局、それでは目的動物が遠ければ遠いほど、その位置がはっきりと分からないことになる。その上、アンテナが重く、追跡する調査員を苦しめることにもなる。

一方、一四四メガヘルツ帯だと波長が短く、したがって受信側のアンテナは小さくてすみ携帯に便利だ。ただし、発信機の作成が難しい。私には漠然とながら一四四メガヘルツ帯の方が、将来に発展性があるように思われた。

一方で、受信機の方は、七万円ぐらいで買えるアマチュア無線機を数台使用したかった。そのため結局、それに見合うかたちで、一四四メガヘルツ帯を使用することになった。我が「秋田クマ研」の「技術グループ」は、むしろその方に積極的であった。

ほとんど予備知識なしに、クマの首に取り付ける発信機の製作に取り組むことになった。なにしろ、購入予算はないのである。この難題に取り組んだのは、地元テレビ局に勤務する青木充さん、秋田大

▲ツキノワグマの捕獲には
田中式捕獲檻を用いるのが
普通だったが
クマの歯の損耗（そんもう）が
はなはだしく、そのため、
▼ヒグマ捕獲の経験から
次第にドラムカン檻に
変える方向にある。
ヒグマの場合は
写真のような三連式を、
ツキノワグマの場合は
二連式のものを用いている。

学生西尾幹治君、ハムショップに勤める千田公一君、建設会社に勤める加賀屋勉さんである。

この一四四メガヘルツ帯の発信機の選択と製作が、クマ追跡調査の上で、第一番目の難関であり、冒険だった。

調査用とはいえ、電波を出すには電波法の規制がある。三Vぐらいの電池で、はたして電波が出るものだろうか。電池を長持ちさせるには、どんな工夫が必要なのだろうか。まさに、試行錯誤の連続だった。一号機が持ち込まれたとき、私は泣くように喜んだものだ。

技術グループが発信機の製作に四苦八苦していた頃、私は人員集めに奔走《ほんそう》していた。大学の後輩を中心に、体力のある者を次々と引き込んで行った。思い出深い初年度の追跡人員は皆川峰夫（秋田県自然公園管理人）、田村禎助（同）、小島聡（秋田市立大森山動物園）、中村孝也（秋田市立八橋小学校）、佐藤満（由利町立西滝沢小学校）、平沼満（秋田大学生）、藤川真治（同）、南祐輔（同）、丹野高雄（同）、進藤一宏（同）、柿崎均（同）、佐藤正尚（同）、川辺攻（アマチュア無線技士）、小松守（秋田市立大森山動物園獣医師）である。

追跡の主力となる学生は、すべて山岳部かワンダーフォーゲル部に所属していた。追跡人員の条件として、通信業務を行なえることが必須条件であった。クマはもちろん、山中の移動の際にも、つねに危険はつきものだ。通信の確保は絶対に必要なことだった。

具合のよいことに、調査員のうち八人がアマチュア無線の免許を持っていた。また、ハンターでもある小島聡さんが、危険の際の駆除を担当することになった。

調査はやっと始まった

太平山は、秋田市の北東約二〇キロの位置にある。市民が朝に夕に仰ぎ、また山頂には太平山三吉《みよし》神社があり、信仰の対象ともなっている。標高一、一七〇・六メートル。さほど高くはないが、隆起《りゅうき》山地のため、かなり険しく、よい登山コースにもなっている。山の中腹部は有名な秋田杉の美林におおわれ、クマやカモシカの生息地として知られている。

私たちがクマの調査地としてこの太平山を選んだのは必然だった。この地域は、古くから県立自然公園、国指定の鳥獣保護区、保健保安林などに指定され、まだ手つかずのブナ林や天然スギ林が残っていた。いろいろ動物が、まだ厚く生息しているからである。

もう一つ、大事な条件がある。それは、移動追跡がしやすいということだ。クマが沢山いても、追跡が難しいのでは、この調査法は成り立たない。都合のよいことに、太平山系は秋田市内から車で一時間以内の距離である。山系には林道が入り組んでいて、移動しやすい。このような条件に加えて、太平山系の山々の尾根は馬蹄形《ばていけい》に並んでいる。尾根の上を円を描くように移動できる。

この太平山地域に捕獲檻を設置してクマを捕獲し、再放獣して追跡しようというわけである。通常、クマには田中式捕獲檻という箱《はこ》ワナを使用する。これを三個購入した。そして一九八一年（昭和五六年）六月、いよいよ捕獲檻の設置にかかった。

かつて、あの山小屋で鼻毛を真っ黒にしながら「俺が県庁に戻ったら予算が取れるよう頑張ってみる……」と言っていたことが、今やっと実現のはこびとなった。

六月は雨が多く、狭い登山道を一四〇キロもの捕獲檻を運搬するのは、分解して皆で背負ったとはいえ、きつかった。しかし私には、流れる汗が嬉しかった。

檻がこの広い太平山に三つとはいかにも少ない。しかし予算はない。考えあぐね、県の工業試験場の友人に相談した。協力が得られ、一台の実に見事な見本を作ってくれた。よし、あとは自分で作ろう。溶接は結構面白い仕事だ。鉄棒を切断し、溶接し、組立てていく。こういう仕事は、私には向いているらしい。七台作った。多少いびつでも、気にすることはない。捕まればそれでよい。

しかし後年、果樹園に設置した我が米田式の檻の一台は、入った大グマにばりばりと破られ逃げられることになる。とはいえ、何とか台数だけは揃えることができた。

仁別《にべつ》国民の森にある四五〇メートルのピークに、活動の中心となるベースを設置することにした。雨の中、連日、ベースの床を平らにすべく、厚手のベニア板を背にくくりつけ、荷揚げした。重さはたいしたことはないのだが、転ぶとカメの子になってしまい、起き上がれない。泥まみれになり、足をすべらせながら行く男たちの姿が、今でもまぶたに残っている。

ところが後になって、ベースを作ることは無意味であることが分かった。なにしろ相手は、数千ヘクタールを移動するクマである。一個所のベースでは、とても彼らの移動をカバーしきれない。

しかしまだ、そんなことは知るよしもない。とにかくベースを作り終え、捕獲を待つばかりとなった。七月に入る。胃がきりきりと痛み出した。クマが捕まらないのである。やがて、七月も下旬になってしまった。今から考えると、捕獲技術がいかにも幼稚だったのだ。

新聞には「クマ捕獲できず！」「県の調査は暗礁に！」などの見出しが見え始めた。

クマは、交尾期の七〜八月に、最も活動的である。行動範囲が広くなり、捕獲の可能性は高いはずだ。この時期をのがせば、捕獲は格段に難しくなる。私は必死に方法を模索した。ハチミツ入りの麦《むぎ》団子《だんご》、コマイやタラ、イエなどの干物《ひもの》を檻に入れてみた。もっと強烈にクマを誘おうと、酢酸《さくさん》エチルや酢酸ブチルなど、匂いの良い薬品の原液も試してみた。しかし、効果なし。これらは果物のエッセンスとして、食品に添加されるものである。最後には蟻酸《ぎさん》の原液まで試した。触れた手の平の皮がぼろぼろとはげ落ち、驚いたものだ。

パン屋を回り、古いパンやお菓子をもらっては入れた。生きたハチが入っている養蜂箱をそのまま入れてもみた。とにかく、考えられることは何でもやった。しかし、クマは見向いてもくれない。

八月中旬になった。私たちにも県庁内部にも、捕獲は無理との空気が流れ始めた。善後策を早急に立てなければならなくなった。これ以上遅くなると、たとえ捕まって追跡が始まったとしても、まもなく冬を迎えてしまい、追跡が困難になる。

ついに私は、起死回生ともいうべき代打作戦を提案することにした。実は、野生のクマ一頭を、前もって捕獲してあったのである。

エイトマンはピンチヒッター

話は数ヶ月前にさかのぼる。四月二日、前夜の季節はずれの大雪で、秋田市内はいうにおよばず、県内全域が真っ白になっていた。出勤すると、電話が鳴った。

「もすもす、こちら岩見《いわみ》ダム管理事務所だども、クマがダムに落ちて泳いでらや、来て下さい」

これはこれは、年度早々縁起が良い。今年からクマの追跡も始まることだし、何とかして捕まえておきたいものだ。さっそく、秋田市立大森山動物園と相談する。小島さんが麻酔銃を持って出動してくれることになった。

ダムに行く。いる、いる。五〜六〇メートル下の水面の、流木《りゅうぼく》止めの浮きフェンスの上に、クマが震えながら立っていた。だが、湖面にいるため、たとえ麻酔銃や麻酔の吹き矢が効いたとしても、湖水に没してしまうだろう。それでは困る。

弱っていそうだし、それほど大きくもない。陸に上げさえすれば、持って来た大きなタモ網でも捕まえられそうだ。ということで、まずクマ公に岸辺に上がってもらうことにした。ダムの上から雪玉を投げつけ、罵声《ばせい》を浴びせる。

クマ公は、よたよたとフェンスの上を歩き出した。しかし、途中でこけて、湖水の中に落ちてしまった。仕方なく、クマ公は湖岸に向かって泳ぎ出した。途端に、小島さんが、タモ網を振り上げ、クマ公の上がりそうな上流の岸辺に向かって走り出した。いくら動物を扱い慣れているとはいっても、相手は野生のクマである。危ない。しかし小島さんは、大きな網を一振りし、見事に岸に上がったばかりのクマ公にタモ網をかぶせてしまった。

このクマ公、収容時は一五キロほどだった。越冬から覚めたばかりで、山をさまよっているうちに季節はずれの大雪に出会い、何らかの拍子にダムに転落したものだろう。

この時から、このクマ公は秋田県鳥獣保護センターの檻で飼われることになり、そして、心ならずも今回、ピンチヒッターとして起用されることになったのである。いくらかでも野生味を保つため、餌は、センターの森に生えていたミズバショウ、セリ、ドングリなど自然の物を中心に、時間を決めずに与えていた。檻の前にはベニア板を立て、人との接触がないように心がけた。

さて、八月一三日になって、この転落グマの首に発信機が取り付けられ、放されることになった。太平山系の山々の尾根に馬蹄形に囲まれた中心地、軽井沢《かるいさわ》と呼ばれる深い沢が放獣の場所である。獣医が麻酔の吹き矢を打ち込むと、クマ公はあっさりと静かになった。さあ我々の出番である。発信機つきの首輪を装着する前に、まずこのクマ公の各部位の測定を行なうのだが、初めての経験でメジャーを持つ手が震えてしまう。

推定二才。人間でいえば中学生ぐらいだろうか。このチビグマの体は、とても温かだった。毛は黒々と光り、野生の臭いが伝わって来る。綿密に打ち合わせをしておいたわけではなかったが、調査員は各々の判断で、それぞれの仕事を進めていった。計画通りに行くことのない野生動物の調査には、常に臨機応変、巧遅《こうち》は拙速《せっそく》にしかずが大事だ。

体重は、すでに二二キロになっていた。頭胴長《とうどうちょう》は九〇センチメートル。発信機つきの首輪は一・三五キロの重さであった。当時、まだ軽くて高性能なリチュウム電池が手に入らず、重い水銀電池を使っていたのと、技術的な未熟さから、小さいクマを苦しめることになり、可哀相なことをした。

クマに名前がつけられた。「エイトマン」だ。耳に取り付けた標識が8番だったからだ。見た目にも、首輪はかなり大きく、しかもいびつだ。エイトマンが気にする以上に、私の方の胸が痛んだ。でも、すでに麻酔が切れたエイトマンは、もう山に帰りたいと大騒ぎしている。

さて、どのようにして放獣するかだが、小さいとはいえ、相手はクマだ。殺傷能力は十分にある。秋田県内の報道機関はすべて取材に来ている。初めての放獣に緊張は高まった。

放獣班も、取材班も、何台かの車にぎゅうぎゅうづめに乗り込んだ。そして、安全を確認した上で、車の中からロープを引き、エイトマンの入っている檻を開けた。

すでに麻酔は切れている。エイトマンは、猛り狂って、檻の中で暴れていた。ロープを引く。勢いよく飛び出した。そして、まず檻のまわりを、猛烈な早さで一回りした。今度は、こちらに向かってやって来る。一瞬、ヒヤリとした。が、すぐに取って返し、沢に頭を突っ込んで、水を飲み始めた。

そうか、麻酔が切れて、喉が渇いていたのだな。ひとしきり水を飲み終えたエイトマンは、ゆうゆうと森の中に消えて行った。

動いている動物は暖かい感動を与える。しっかりとした足取りで森に消えて行ったエイトマンの姿に、思わず微笑《ほほえ》みがもれた。

私の力不足で、成獣のクマが使えなかった。エイトマンは、その犠牲になったのだと、切ない感傷もまた涌いた。

「お前は男の子なんだ、強く元気に生きてくれ」

そう祈らずにはいられなかった。

動き出したエイトマン

放獣が無事に終わった。放獣場所から北に約二キロのところにある仁別国民の森のベースには四名が、南に約三キロのところにある中岳《なかだけ》の頂上には二名が、すでに先発隊として行っている。ただちに私たち放獣班の七名も、国民の森ベース班に合流することにした。

「もしもし、ベース、エイトマンからの電波はそっちに入るか。強度はどのくらいだ」

私はベースに無線を入れた。

「はい、こちらベース、入っています。弱いけど、方向ははっきり出ています。どーぞ」

うわずった声が無線を通して入ってくる。西尾君と千田君が、精密に方向を定めるための大型アンテナを回して、エイトマンの方向を探っている。続いて、中岳班からも藤川君の涼しげな声が無線機に鳴り響いた。

「こちら中岳班、メータ3ぐらいです。やったね、エイトマン、ご苦労さん！」

「米田さん、こちらベース、中岳からの方向と、こちらからの方向から判断して、エイトマンは北東方向に移動しています。どーぞ」

ベースからは、エイトマンが行動している軽井沢一帯が見渡せる。二時間ほど経過。今、エイトマンは放獣地点から北東へ約一キロ、ベースから南東へ約一キロの地点で休んでいる気配だ。

第二回目の一九八二年（昭和五七年）の調査からは、アクトグラム法という、クマが休んでいるか

◀計測。
体重の測定は
クマが小さい場合は背負い
重い場合はバネバカリを使う。
頭胴長とは鼻の先から尾のつけ根まで。
体高は肩から手の平らまでの高さである。
体についている寄生虫や古い傷跡の有無、
性別、月の輪の形状なども記録する。
月の輪は左右非対称で
一〇頭に一頭は無い場合がある。

活動しているかが正確に分かる方法を用いるようになったが、この第一回目の調査では、まだ送られて来る信号音の強弱で、彼らの動静を大ざっぱに推定していた。

耳に聞こえる受信機の信号音の強さが弱くても強くても一定なら、その時は休んでいるだろうし、もし乱れて強弱があれば、その時は活動している時である。なぜなら、活動したり移動したりしていると、体（首輪）が木の陰や岩の陰に入り、そのため電波に強弱がつくからである。

現在、ベースと中岳班のアンテナ方向がお互いに正対《せいたい》していて、交点が取れない状態だ。したがって、エイトマンの現在地点を地図上に落とすことができない。要するにエイトマンは、今、中岳とベースを直線で結んだ線上のどこかにいることになる。

休んでいるなら、それほど危険はないだろう。小島さんと川辺君が臨時の移動追跡班となり、エイトマンに接近してみようということになった。

三〇分ほどして、押し殺した声が無線に入る。「来た来た」と言っているようだ。私は「何が来た」と聞き返した。

後で聞いた話だが、この時の私の声があまりにも大声で無線機から発せられたため、二人は飛び上がって驚いたそうだ。それほど二人は緊張していたということだ。返事はしばらく返って来なかった。五分ほどしてやっと応答があった。

「あぶなかったヤ、エイトマンのやつ、登山道を歩いて、こっちサ向かって来たのさ。五メートルぐらいの所でコホンとセキをしたら逃げて行った」

危ない、危ない。十分に注意しよう。

二日目、三日目と経過。エイトマンにそれほど動きがない。まだ麻酔の影響が残っているのだろうか。でもそろそろエイトマンに大きな移動がありそうだ。二四時間、各班交代で追跡態勢を取った。

クマの位置を特定するには、三つ以上の地点から方向を測定し作図するのが基本だが、地図上で線が一点に交わることは実際にはまれである。ほとんど、ある程度の面積を持った三角形になる。この面積を「エラートライアングル」と呼んでいる。その「面積」を「点」にする努力がこの調査では大切なのだ。そのため、移動追跡班が携帯アンテナを持ってクマに接近することになる。移動追跡班はベースに所属し、別名、特攻隊と呼ばれていた。真夜中でも雨の中でも、出動しなければならない。林道はジープかバイクで、山中は徒歩で……。

県庁で探してもらったポンコツ公用車のバンに寝泊りしての追跡が多くなった。

四日目の真夜中、移動班の小島さんからエイトマンが自転車道に添って集落の方向へ移動しているとの連絡がベースに入った。

これはまずい。公的な調査としては、クマが人家近くに出没したら、一般に通報しなければならないことになっている。駆除の対象とされることもあり得る。

「山にもどってくれ」との祈りもむなしく、エイトマンはどんどん集落の方へ向かっている。私はいたたまれずにベースを離れ、移動班と合流した。

「仁別へ出るベカ」

「今は休んでラようだ。台風の進路みたいなもので、どっちさ行くか分からネ」

小島さんは、徹夜の疲れで、目が真っ赤だ。ランタンの下に、地図を広げた。

「まさか、自転車道を歩いているわけではないと思うが」

自転車道の上をもし歩いていたとしても、今は真夜中だし、まさか自転車をこいでいる人はいないだろう。その点はさして気にならないが、しかし、向かっている方向が悪い。

太平山山頂に向かっていた別の移動班にも、ベースにも、いまやエイトマンからの電波が入りにくくなっていると言う。この分だと、それぞれの移動班は尾根伝いに、順次、それぞれ中岳方向へ、前岳《まえだけ》方向へと移動しなければならないだろう。

クマはベッドを作って寝ることがある

各班は移動して行った。私たちはこれを「引越し」と呼んでいた。キャンプ用具や観測機材を「家財道具」というわけだ。体じゅうに家財道具をくくりつけ移動する姿は、雨にでも打たれたりすると、まさに敗残兵である。

六日目。エイトマンの移動は急になった。汗の結晶であるベースキャンプには、もうエイトマンからの電波は入らない。機能しないベースは不要となり、全員が移動班になってしまった。

ここに来て、重大なことに気がついた。家にも帰らず二四時間体制で追跡している調査員たち全員が、日に三度も飯を食う動物だったということだ。夜にクマの移動があると、それは五度、六度にもなる。

食料の問題は前もってかなり綿密に計画を立てたつもりであったが、私のお役所仕事の欠陥がここに来て出たようだ。運び上げるという点での計画が甘かったようである。さっそく役割り分担の変更を余儀なくされた。

ところでこの食料という問題は実に面白い問題で、この調査中にも縮図が見られた。注文の品が届かないのはごく普通、途中でピンハネがあったり、不用品がどっさり運ばれて来たりする。末端に行くほど不利益をこうむるのは戦場の場合と同じである。それが前線の宿命で、有る時には沢山あって腐るほどだが、無い時には金輪際ないというアンバランスは、その後二年間続くことになる。

その上、中岳（九五一メートル）は、水が少ないときている。泥まじりのメシは普通で、味噌汁と御飯を兼用で炊いたり、赤飯をおかずに御飯を食ったということまでしていたらしい。

各人の調査日誌には、調査結果よりも食料の記述が多く見られる。中岳にいた藤川君は「今日の夕飯は、キャベツのいっぱい入ったカレー汁とゴミの沢山入った御飯で、飯は灰色で情けない」と書いている。「食料問題」を解決しないと、調査自体が頓挫《とんざ》しかねない状況となっていた。次年度からは、新たに荷揚げ専門の班を作って対応したほどだった。

ちなみに、キャンプ生活で何が一番必要不可欠かと問われれば、それはトイレットペーパーだと断言できる。本来の使用目的のほかに、汗拭き、メガネ拭き、食器拭き、皿がわり、靴の敷き皮がわり、ビンのセン、包帯がわり、包装紙がわり、雨漏り拭きなど、その活用範囲はアイデアにより無限である。これに見放されたら、日々のキャンプ生活は悲惨すぎ、成り立たない。やはり人間には「入る」ものと「出る」ものが一生ついてまわるのだ。

話はそれたが、六日目の夜、エイトマンの移動があまりに急で、電波が弱くなり、方位の測定が難しくなった。弱い信号を頼りに探し回った。

どういうわけか、ほとんどの学生がバイクの免許を持っている。それへの興味は異常なほどだ。それはともかく、私もバイクで脇道に乗り入れた。いろいろな動物が前を横切る。ノウサギなどは脇にそれることができず、バイクの前を懸命に走る。夜の森の躍動が感じられて面白い。ときどきエンジンを止め、アンテナを回しては、受信機の信号に耳を澄ます。

突然、いきなり強く電波が入った。

「近い！」

その沢は、小さいが、深く切れ込んでいた。そのため電波がごく狭い範囲にしか出て行かなかったのだ。信号音の強さから判断して、エイトマンは五〇メートル以内にいる。彼にはバイクのエンジン音が聞こえていたはずだ。

（なるほど、こんな所に隠れて休んでいたのか、良い所を探すものだ）

その小さい沢は、蔓《つる》性植物にからまれた木におおわれていて、トンネル状になっていた。しかし、風通しもよくエイトマンは心地良い睡眠でも貪っているのだろうか。

マタタビ、アケビ、サルナシなどの蔓性植物は、もう一ヶ月もすれば、クマたちの絶好の餌になる。しかしこの時期は、まだ完熟していない。「餌がある」という安心感があるのだろうか。それとも、もしかして未熟の実をすでに利用しているのかもしれない。

クマが未熟の実を利用している事実は、その後、一九八七年（昭和六二年）から一九八八年（昭和六三年）にかけて、他の報告書や追跡調査から知ることになるのだが、まだこの頃は、クマは完熟した実しか利用しないものだと思っていた。このことから察して、エイトマンはこの夜、餌の豊富なこの沢で休んでいたのだろう。

クマは、意外にごちゃごちゃした所で休んでいるのではないだろうか。又鬼たちはこれを「藪に刺さって寝る」と表現している。野生のクマがどのように休み、寝るかについては次第にわかるようになってきた。二つの方法があり、一例は、樹上で実を食べる際、手前に枝をたぐり寄せ、ベッド状に重ねて休む。これが「クマ座」または「円座《えんざ》」である。もう一例は「地面で採餌し、そのまま地面に休む」かたちである。いずれも採餌し、満ちるとその場で休むのだ。蚊や虻《あぶ》を特別には嫌がらない。

クマは、夏から秋にかけて、主にクリやミズキの木の枝を、中心に向かって折り曲げ集め、ベッド状にする。この「クマ座」は、大き目の鳥の巣状である。東北地方では関東以南より少ないが、ミズキの木を選ぶことでは共通している。ミズキは、大木は少ない。幹は、胸高直径（地上から約一・三メートルほどの高さの直径）で、せいぜい二〇センチメートルぐらいのものだ。枝にいたっては、三〜四センチメートルだ。それで八〇キロもの体重を支えるのである。クマのように強い動物でも、眠る時は安全な場所を選ぶらしい。

エイトマンの寝顔を想像して、私の頬は思わずゆるんだ。

利口なクマは伏せて敵をやり過ごす

それにしてもこの沢は、仁別集落に近すぎる。憂慮《ゆうりょ》が募る。警戒を強めなくてはならない。エイトマンは、今、太平山系の山々に馬蹄形に囲まれた巨大な森の、その出口までたどり着いたのだ。

七日目の日中。二手にわかれた移動班が、連絡を取りあいながら、はさむようにエイトマンに接近。同日夜、エイトマンの移動にそなえて、山頂にいる各班も移動することにした。緊急連絡に慌てふためき、真夜中、つまずきながら目的地に向かうことになった。中岳班は前岳へ、前岳班は翌朝までかけて仁別集落の反対側の妙見山《みょうけん》へと移動した。テント暮らしだった中岳班は、前岳班の山小屋に泊まれると喜び、前岳班は、妙見山頂の気味悪い神社泊りになった。

八日目から一一日目にかけて、エイトマンは、まだあの沢の周辺にいた。仁別に出るための様子でもうかがっているのだろうか。この時期、エイトマンにとって仁別周辺に何があるというのだろう。リンゴやクリはまだだ。人里に出るからには、何か理由があるのだろう。後で足跡を追えば、いずれその解答が得られるかもしれない。

一二日目、エイトマンの行動が安定している間に全員が一度帰宅し、休養を取ることにした。風呂に入ると、垢《あか》が湯面をおおい、体中がかゆくなるほど火照《ほて》った。柔らかいふとんに、沈み込むように寝入った。

放獣後一三日目。エイトマンは、ほぼ直線的に集落近くの草原に進出して来た。この大草原は、昔は採草地だった。現在、近くにはレジャーランドや家族旅行村があり、秋田市民の憩いの場所となっている。まずい。このあたりを徘徊されたら、射殺されること必定《ひつじょう》だ。この付近は、クマと人間活動の接触地域で、猟期以外でも、常時、有害鳥獣駆除という名目でクマの射殺許可が出されている。

その日、私は妙見山班と合流し、山頂から、仁別集落を眼下に見下ろしていた。その向こうの草原から来るはずの、エイトマンを待ち受けていた。昼近く、受信機が力強い信号をとらえ始めた。針が振り切れるほどである。私は頭を抱え込んだ。妙見山（二五八メートル）の山頂からは、エイトマンのいる草原がまる見えである。私たちは双眼鏡を走らせた。

「いる、いる！」

ついに黒い影を捕らえた。黒い影は、ススキの原を、すじ状に揺らしながら歩いていた。一三日ぶりの再会だ。すでに野性を取り戻したのだろう、動きは俊敏だった。エイトマンは、私たちが喜びと同時に気をもんでいるとも知らず、草原の窪地《くぼち》の松の木の下でゆうゆうと昼寝にかかった。密生した草が、エイトマンの形に、皿状に押しわけられた。見られているとも知らず、エイトマンのやつ、くるりとまるまって、昼寝をしようというのである。

アンテナを持ってエイトマンに接近して行く移動班の小島さんたちの姿が、この山頂からはよく見える。無線で、すぐ近くにエイトマンがいると知らせたが、ススキの茂みで見当がつかないと言う。おまけに、あまりに近すぎて、受信機が飽和し、方向が取れないらしい。

突然、エイトマンが小島さんたちの足音に気がついた。立ち上がって膝をかくかくと震えさせ、前のめりに身を乗り出す。危険だ。しかし、エイトマンは次の瞬間、「伏せ」の体勢を取った。

「オオッ、これが伏せか！」

伏せは、前足をやや広げて前方に投げ出し、後ろ足の爪は地面に突き立てられている。そして鼻先を、臭いでもかぐかのように、地面にこすりつける。全体的には地面に体をぴったりと付け、最小限に体を小さくする行動のようだ。しかしこれは、ネコなどに見られる攻撃体勢と同じではないか。又

▼自作の首輪。
初期にはベルトで
クマの首を傷めることがあり
次第にベルトの軟化、
軽量化などの改良が図られた。
バッテリーの寿命は三年以上、
重さ五〇〇グラム前後である。
なおカナダ製の首輪もあり
軽量で安定しているが
脱落、損壊がしばしばある。

▼アンテナ。
上：キーステーションの
大型アンテナ。
方位を正確に測定するときに
用いる。
中：携帯用の
小型アンテナ。
下：両翼にアンテナをつけた
セスナロケーション用
セスナ機。

▶作図。
各移動班からの方位を
地図上に落とし
クマの現在位置を確定する。

鬼たちは「年を取って利口なクマは、伏せて追跡者をやり過ごす」と言っているが、伏せをしてやり過ごすということは、逆に、いつでも攻撃できるということでもあるのではないか。守勢は、攻勢と同じことでもあるようだ。

クマの「伏せ」が確認できて、またも頬がゆるんでしまった。小島さんたちは、あまりの信号の強さに後ずさりして戻って来た。エイトマンと鉢合《はちあ》わせしなくて本当によかった。

これ以上、人家に近づいてほしくない。私たちは、ジープで草原に乗り入れた。いくらかでも山の方に追い返えそうというわけだ。ばりばりと、ススキをなぎ倒しながら進む。ジープからはエイトマンの姿は見えないが、確実に移動している。おそらく、慌てふためいて逃げていたことだろう。だがエイトマンは、この草原から出なかった。

結局、九月上旬まで、この六〇〇ヘクタールほどの草原のうち、二〇〇ヘクタールほどの範囲とその周辺の雑木林の中で、安定した動きをし、活動の痕跡《こんせき》を残した。もう、追跡が困難になることはなかった。追跡人員を縮小し、活動の痕跡をたどっていった。

クマの食性

八月の終わりから九月上旬にかけて、エイトマンは、草原や、赤松林の中で過ごした。彼は、林の中の湿地で、タチギボウシ、オオウバユリ、ウワバミソウ、ツリフネソウなどの、柔らかくて多汁質《たじゅうしつ》の植物を採食していた。そして、いたる所でアリを採食していた。エイトマンは、アリのいる腐った木のアリ塚を前足で壊して、小さいアリを、あの長い柔軟な舌でかき集めて食べていたのだ。山を降り、この時期何もないと思われる里近くの雑木林に居着いた理由は、このアリにあったようである。

クマは、七月から八月にかけて、ハチ類、アリ類などの昆虫食の割合が多くなるという報告がある。そういえば、アリ類は、暗い天然林よりも里に近い、明るい雑木林に多い。とくに、草や木のクズを集めて盛り上がったアリ塚をつくるアカアリは、明るい原野に多い。

この頃、まだクマがどのような物を採食するのか総括的な情報を持っていなかった。実際にエイトマンの食痕を前にして、この調査を行なってよかったと実感した。

ここで、ソビエトの東部での調査や日本の他の調査報告などもあわせて、クマの食性にはどういう傾向があるのか、その概略を見ておこう。

越冬中、覚醒《かくせい》時には雪を食べたり雨露《あめつゆ》を飲んだりすることがあるが、積極的には採食しないのでひとまず除くとして、クマの食性上の春は、越冬が終わった時点から、あらゆる種類の草や木々が芽を出す直前までである。それは、ほぼ五月初めまでである。

この時期は、まだ新鮮な草木の芽を採食することができず、したがって前年に落ちた堅果《けんか》類（ミズナラやコナラのドングリ、クリ、クルミなど）や、残っていた漿果《しょうか》類（マタタビ、サルナシなど）、動物の死体、枯れ草などを食べている。

夏は、堅果類や漿果類が熟す九月初めまでである。この期間、クマは草本《そうほん》類を中心に、昆虫、未熟な堅果類を食べ、食性の巾はじつに広い。

月別に見ると、五月は、まず芽吹いたばかりのブナの若芽が圧倒的に多い。ミズバショウ、ザゼンソウ、アザミの類も多く見られる。六月は、ササ類のタケノコにつきる。七月から八月にかけては、やはり草本類が中心で、とりわけ多肉多汁質のものを好む。エゾニュウ、セリなどのセリ類やウワバミソウ、ミズ、ミズギボウシ、ミズバショウなど人間が山菜として利用しているものは何でも口にしていると思われる。昆虫はアリ類、ハチ類が中心であるが、得られれば何でも採食すると思われる。

秋には、堅果類や漿果類が中心となる。炭水化物を多くとり、冬に備える。これは越冬まで続くことになる。堅果類の主なものとしては、ミズナラやコナラなどのドングリ類、クリ、クルミ、ツノハシバミなどである。漿果類はマタタビ、サルナシ、アケビ、クマヤナギ、ヤマブドウ、サンカクズル、ウワミズザクラ、ミズキなど、甘い実のすべてである。

ツキノワグマが肉食かどうかという議論がある。一応、分類上は食肉目《しょくにくもく》クマ科に属し、歯の構造は肉食に適している。

五月にカモシカの毛が胃につまったクマが射殺されることがあるが、その多くは雪崩《なだれ》や闘争で死んだものを採食したり、弱ったものを襲った結果だと思われる。

私はクマがカモシカを襲った例を三回ばかり目撃している。いずれもカモシカは楽に逃げおおせた。最初の例は、一九七五年（昭和五〇年）の七月だった。天然スギ林の中で、私の出現に驚いたカモシカが斜面を逃走したら、クマの前を横切ることになった。驚いたクマが凄《すさ》まじい吠え声を上げてカモシカを追跡した。三分ほどしてカモシカは円を描くように再びこちらに戻って来て、逃げおおせた。

一九七九年（昭和五四年）六月。杉の伐採地《ばっさいち》で、親子カモシカにクマが接近した。クマは、カモシカを追ったが、三〇メートルぐらいであきらめ、放置した。

一九八二年（昭和五七年）九月、テレメトリー調査中、国民の森のベースから目撃した例である。スギの伐採地で、クマがカモシカに接近、カモシカは逃げ、クマは追った。しかし五〇メートルぐらいであきらめた。カモシカはすぐに採食を始めた。二〜三分後、クマは再度追った。しかし四分後には、クマは再び最初の伐採地に戻って来た。

他にも、クマが五メートルから一〇メートルに近寄って来ても悠然と採食していたカモシカの例など四例を観察している。いずれにしても、健康なカモシカであればクマは追跡不能のようだ。クマ自身も、カモシカの追跡は無理だと分かっているようである。したがって、すくなくともカモシカはクマの通常のメニューにはないようである。

エイトマンが踏み分けて行った道をたどると、林の中に、寝た跡があった。その部分の草がエイトマンの型に押しつけられ平らになっていた。倒された草が徐々に起き上がり、いましがた移動したらしい緊張感が伝わってくる。昨夜のエイトマンの寝姿が思われた。

クマはどれくらいの範囲を行動するか

テレメトリー法は、やはり素晴らしい方法だった。臨場感あふれる生々しい動物の息づかいがリアルタイムに伝わってくる。

後で知ったのだが、この年、日光《にっこう》では東京農工大学が、白山《はくさん》では石川県白山自然保護センターが、私たちと同様に、クマのテレメトリー追跡を行なっていた。

日光では、おもにミズナラ林を移動し、ミズナラの実（ドングリ）を採食していた。
白山では、雪崩地の草原を移動し、セリ科の植物を中心に採食していると推定された。
九月中旬、エイトマンは前岳（七七四メートル）の中腹に移動し、滞在する傾向が見えた。ドングリやブナなどの堅果類、マタタビやヤマブドウなどの漿果類を採食していたのだろう。炭水化物を摂《せっ》取《しゅ》して、越冬に備えるため皮下脂肪を蓄える必要があるからだ。やがてエイトマンは、深い天然林に入って行った。もう、姿を見たり、受信機のメーターが振り切れるほど、接近できることはないだろう。

　調査期限の一ヶ月間が過ぎた。ここで一応追跡を終了することになった。もう経費も続かなかった。この期間のエイトマンの行動は、次のようになる。まず、彼が移動し活動した地点を地図上に全部落とし、一番外側の点を結んでいくと、ほぼ一ヶ月にわたる調査期間中の行動圏がわかる。それは、六五六ヘクタールであった。

　一日ごとの行動圏を見ると、最大は一〇五・七ヘクタール、最小は二・八ヘクタールであった。平均二四ヘクタールとなる。また、一日当りの移動距離の最大は四・七五キロ、最小は〇・五キロ、平均は一・九一キロである。

　これらの数値のいずれも、当時、まだ他と比較する資料がなかった。日光や白山での調査、それに後年私たちが行なった調査などからの数値と比較すると、まだ若い（人間に例えれば中学生くらいだろう）エイトマンの行動圏は、それなりに狭かった。普通の成獣の雄《おす》なら、一年間の行動圏は三〜四、〇〇〇ヘクタールである。ちなみに馬蹄形をした太平山系の内側の森は、約三、〇〇〇ヘクタールである。

クマの行動圏は、おおむね次の目安と思ってよい。普通の成獣雄は四、〇〇〇ヘクタール。若い雄と成獣雌《めす》は三、〇〇〇ヘクタール、若雌は二、〇〇〇ヘクタールぐらいである。とりわけたくましい雄の場合、四、〇〇〇から六、〇〇〇ヘクタールになることもある。雄は一般的に雌よりも行動圏が広い。

性根《しょうこん》かけて一ヶ月、エイトマンを追跡し、分かったことは何だったろう。追跡にかけた情熱は置くとして、かいま見た彼らの生態は、「当り前に言われていたことを、当り前に確認した」ということであった。

追跡者を「伏せ」でやり過ごす。秋には高地に移動し、ドングリ類を採食する。夏には柔らかい草やアリなどを採食する。そのようなことなどだ。

しかし、一日にどれくらい移動するかとか、どのような環境を好むか、といったことも概括的に知ることができた。とはいえ、季節的な移動、越冬、個体間の関係などを知るには、一ヶ月間の追跡ではとても無理だ。まだ彼らの生活史のほんの一部をかいま見たに過ぎない。

今後、さらに多数のクマを追跡し、より正確なデータを採取して、クマの生息数や生息環境をも明らかにし、ひいては彼らの保護（コントロールを含めた）にまで踏み込めるような資料が得たいものである。

これまで、クマの生息数調査は、目撃の重複がはなはだしく、実際より多く報告されているのではないかとされている。同じ個体が何度も目撃され、報告されていたのではなかったか。それは、どの

◀クリの木の上に作ったクマ座。
採食のあと
クマ座を作って休み続けることもある。
折られた枝には枯葉が残り
冬にも形状をそのまま残している。
樹上のクマ座は
ミズキ、サクラ類、
ナラ類にも作る。

◀クマの爪跡。
クマは
直径一〇センチメートル以下の木でも
人間が歩くぐらいのスピードで登る。
降りるとき
ブレーキをかけるために
後足による爪跡が
木肌につく。

動物においても同じ傾向である。その動物が、一日に、あるいは一年に、どのくらいの範囲で行動するのかが分かれば、重複報告はかなり排除されるはずである。

初めてのデータが私の手元に残った。しかしそれは、まだ不満足なものだった。最大の反省点は、調査期間を一ヶ月間に限ったことだ。経費が一年間続くように、細く長くやる必要を痛感した。それから、捕獲の問題もあった。捕獲法は根本的に解決する必要がありそうだ。食料運びの問題もある。反省いっぱいの一年だった。

あらためて思う。教訓は、細く長く行くこと。

斜面の恐怖

翌、一九八二年（昭和五七年）の四月四日、私は中村君（秋田市立八橋小学校教員）と一緒に、中岳近くの斜面へ、残雪期のクマを観察しようと出かけた。過去、彼と山へ行くとしばしばクマに出会っている。

中岳（九五一メートル）の南面の林道には、まだ雪が残っていた。私のランドクルーザーと中村君のジムニーは、無邪気にも、その林道に乗り入れた。ランクルで二〇メートル下がり、雪の壁に一〇メートル突っ込んでは進む。それを繰り返していたら、いつのまにか雪の壁に車が取り囲まれ、にっちもさっちも行かなくなった。雪国の住人でありながら、なんたる失態。雪の性質を見誤まるとは。やむをえずウインチを引き出し、三〇メートル先のスギの大木に巻きつけた。やっと脱出出来る、と思いきや、車は動かず、スギが倒れて、こちらにずってやって来た。このウインチで、電柱を何本倒したことだろう。林道の土管を引き出したこともあった。

仕方がない。雪解けを待つことにしよう。車を捨て、ナイフの刃のような痩《や》せ尾根に取りついた。日差しは暖かいのだが、風はまだ冬の面影を残している。吸う息で鼻が凍《こお》る。

中岳からは、いくつもの尾根が、登り降りして南に向かって下っている。その一つを登って行った。そこからは中岳の南斜面が一望でき、観察するのに都合がよい。

かつて、この尾根の小さなピークの一つで、二〇メートルほど隔ててクマと出くわしたことがあった。やはりその時も、中村君と一緒だった。息切れしながら、私たちはこちら側からピークに上がった。クマはクマで、向こう側から登って来た。こちらも驚いたが、クマも驚いたらしい。クマは、細い木に頭を隠した。しかし、体は丸見えである。木に隠れ、自分が相手を見なければ、それで隠れていることになるらしい。「頭隠して尻隠さず」は、すべての動物に共通らしい。

しかし、またそんなことになったら大変だ。注意深く、目で前方の薮を撫で、双眼鏡で向かいの斜面を舐めながら登って行った。

ふと、私と中村君の双眼鏡は、ほぼ同時に一〇〇メートルほど隔てた向かいの斜面の異常を捕らえた。急斜面にある穴の中の、黒く丸っこい、大きな石が気になって仕方がない。

斜面には、他にもいくつかの不自然な穴があり、土がかき出されている。ヤマツツジの根回《ねまわ》しでもしたのだろうか。あるいはヤマイモでも掘ったのかもしれない。

穴と、その黒い石の間には、わずかばかりの隙間《すきま》があった。しかし、丸い石は、あまりにも見事にはまっている。それがどうも不自然だ。

二人で小一時間も首をひねった。そのうち、中村君が「俺、行って見て来る」と言い出した。その時点では、二人とも、まだ「クマだ」という考えには及んでいなかった。それで、私も軽い気持ちで送り出した。彼は、咲き始めた草花を愛でながら、問題の場所に悠然と向かって行った。

私は、双眼鏡を木に固定して画像の中の黒いターゲットを凝視していた。

「動いた！」（いや、動いたような気がしただけだ……）

その黒い石が、わずかばかり揺らいだように思えた。春に特有の空気の揺らめきだったのだろうか。

「クマだ！」（いや、クマかもしれない……）

ついにクマだと確信する時が来た。ゆったりと、頭をもたげたのである。とがった鼻と太い両手が、双眼鏡をつら抜いた。鼻がぬれている。目が光っている。耳も動いている。

（ああ！　危険だ！　中村君が危ない）

「クマだ、クマだ、クマだぞ！」

意を決して、私は叫んだ。中村君とクマは、すでに双眼鏡の同一の視野の中にある。

双眼鏡をかなぐり捨て、あらんかぎりの声をふりしぼって叫んだ。

「クマだ――、逃げろ――」

中村君は、まだ気がつかない。じれったい。クマは、半身を穴の外に乗り出した。頭上で手を交差させて、×印を作って叫んだ。

「クマだ、クマだ、逃げろ、逃げろ――」

一秒間にこれだけの言葉を発したと言ったら、信じてもらえるだろうか。ようやく彼は、ただならぬ気配を察したようだ。転げるように、こっちに向かって走り出した。私は、無情にも小さく罵声を浴びせていた。

(バカ、こっちに来るな！　向こうへ走れ)

蔓草に足を取られ、バラに引っかかれながら、彼は、ゴムマリのように転がって来た。助けたいが、何も出来ない。無意識のうちにと言うべきか反射的にと言うべきか、私は、いつのまにか、近くの心もとない細いコナラの木に登っていた。

しかし、クマは頭を持ち上げたものの、中村君を追って来る気配はなかった。

母子グマに会う

野生のクマが、斜面の穴から頭をもたげて睥睨《へいげい》した。それは、圧倒的な光景だった。またとない機会だ。徹底的に観察したい。

こんな感動的な場面を見てしまっては、もういけない。翌朝、職場に行っても、仕事はまったく手につかない。クマのことだけが、頭に浮かぶ。鉛筆が望遠レンズに、黒電話がクマに見えた。出張はできそうにない。年次休暇をフルに使おう。クマのように、めったに観察できない動物は、やれる時に徹底的にやっておかないと、後悔することになる。「今度」とか「この次に」という言葉は、永久にできないことと同義である。

役所に、小島さんが訪ねて来た。小島さんも、越冬中のクマを発見したと言う。ところが、話を聞いて驚いた。前日、私たちが帰った後、小島さんも同じ穴を発見したのだ。あの広大な山で、何という偶然か。

その日（四月五日）の午後、無理やりに休暇をとって現地に向かった。暖かい日で、沢のあちこちには春一番に咲くキクザキイチリンソウが咲き乱れていた。もう春を思わせた。小島さん、佐藤君、中村君、それに私との四人で観察チームを作り、越冬穴が見える斜面にテントを張り、交替で観察しようということにした。

距離計で計ると、越冬穴までは約一二〇メートル。それでも彼（彼女かも）が全力で走れば二〇秒もかかるまい。そこで、テントの前の貧弱な二本のコナラを、それぞれ米田の木、小島の木、中村の木、佐藤の木と定めて、所有権を設定し、非常の場合、自分の木に登ることにした。ただし三人以上いた場合は、誰かがあぶれることになる。

テントは、斜面に張ったため、必然的に床が斜めだ。寝る時、斜面の下側になる人間をジャンケンで決めた。

クマのいる斜面は、昔から屋根をふくためのススキを採取する場所で、春に火入れするため木が少ない。越冬穴は、その急な斜面に、急いで掘られたような感じだった。前年、あまりに早く降雪したため、慌てて入ったのだろう。そこから一〇〇メートルほど離れた場所にも、土をかき出した穴がいくつか見られた。

越冬穴の形状は、横に倒した卵に似ている。奥に短く、横に長い。クマが出てからこの越冬穴を計測したところ、巾は一・五五メートル、奥行きは一・四八メートルであった。体長が一・五メートルほどのこのクマにとって、体全体を穴に収めるのがやっとである。もちろん入口も卵型で、穴そのものよりやや小さいだけだ。要するに、穴は、半球状で、入口が大きく開いている構造なのだ。

入口部分には、わずかばかりのテラス状の出っ張りがあった。体の置き具合によっては、一部がこのテラスにせり出すことになる。

観察の第一日目は、クマはほとんど動かなかった。夕方近く、中村君が言う。

「あのクマ、頭が二つあるぞ」

真面目な顔で、不謹慎なことを言う。私はプロミナー（望遠鏡）を繰り出した。

いた！　確かに二つ頭のクマがいた。いや、クマが二頭いたのである。目を、あらん限りに見開いた。それは、母グマの首の上に乗った、赤ん坊だったのだ。素晴らしい！　母子グマを観察できるとは。

痛々しい、壊れそうなほどの生命体が、母親の陰から、首をちょこんと出している。幼い赤ん坊は、まだ首の骨が十分には定まっていないようだ。揺らめいている。広げた小さな手の平が、真っ白だ。まだ冷たい春風の中で、私の心は暖まった。抱き上げてみたい。私はそんな衝動にかられた。

この日、小次郎は、そうこのチビグマを「小次郎」と名づけたのだが、小次郎は、動きが少ないながらも、チビなのに体を精一杯伸ばして、何度か「クマ体操」を見せてくれた。

暖かい母グマの腹の下から目を覚まして出て来た瞬間、前足を前方にぐっと伸ばし、次いで、後足をぐっと伸ばす。そして尻をぶるぶると振るのである。この動作は、皆に受けた。可愛いのだ。それから、おそらく排尿か排便だと思われるが、尻を地面にこすりつけるようにして前後に動かし、その後、後足でゆっくり、ぽんぽんと足踏みをする。

まだ体重は三キロほどだ。その小次郎が、テラスに出て、よちよち歩く。テラスの広さは、小次郎五頭分ぐらいである。足の関節は、まるで棒だ。まだ、弱々しい。母グマは、しきりに穴の中に入れようとする。大きな頭で小次郎をたぐり寄せ、自分の腹の内側に抱き入れる。小次郎は、まだ母グマに反抗することを知らない。母グマのなすがままだ。母グマも、体の位置を変えたり、頭を持ち上げたりするだけで、動きはきわめて少ない。

この日、全体としては動きが少なくて単調だった。退屈しのぎに、テントの横にカボチャとドングリの種をまき、ビニール袋で保温した。

母と子のふれあいの記録

六日の朝も暖かかった。六時にはテントを起き出し、本格的な観察に入った。クマの親子がまだ穴の中にいるのを確認し、ほっとする。この日も、暖かいのに、クマの動きは少なかった。

暑いほどになった昼過ぎ、小次郎は母グマのくびれた首の部分を越えてテラスに出ようとしたが、こてっと転げて、母グマの懐《ふところ》に引き込まれる。初めて母子で軽くじゃれあうシーンを見た。母グマは、口で応戦し、小次郎は前足で母グマの口先をたぐり寄せようとする。じゃれながら母グマは、長い舌で、小次郎の鼻先をしゃくるように舐めた。しなやかな舌だ。舐める音が聞こえるようだった。

この日見たのは、たったそれだけ。あとは、じっとして動かない母グマの尻だけを見続けた。この越冬穴は、母グマが横になると体の一部が外にはみ出す。冬の間、よく凍傷《とうしょう》にならなかったものだ。

七日から九日にかけては、役所を抜け出すことができず。クマのことが気になって仕方なかった。それで、夜遅く山に行っては、林道からサーチライトで照らし、母子グマの四個の目の光を確認しては安心していた。

一〇日は雨。母グマは頻繁に体の位置を変える。しきりにテラスの雨を舐め、中に流れ込まないようにしている。あの広い背中を穴の外に張り出して、雨が中に流れ込まないようにもした。これらはみな、雨から小次郎を守る行動のようである。母グマが体をふくらませて雨が中に入らないようにするなんて、嬉しくなる。

(さすが、母さん……)

私の方は、尾根伝いに流れ込む雨水のため、テントの中が水びたしになり早々に退散した。

一一から一四日まで、また役所。

一五日も雨が降る。カボチャが少し芽を出した。母グマは頻繁に穴の中で中腰になる。中腰になると、背中が天井につかえる。よほど雨が気になるようだ。越冬穴を選ぶときは、もう少し考えるべきだ。子持ちなのだから。この日、初めて小次郎が母グマの腹の上に乗った。いつもなら穴の隙間をすり抜けてテラスに出て来るのに。

(うまくいったじゃないか小次郎……)

一六日、またも雨。雨なのに小次郎はテラスに出て歩き回る。母グマ、雨に居心地悪そう。しきりにぴょこんぴょこんと尻を上げる動作をする。

一七日は、役所。

一八日は、季節外れの雪になった。テントの中にいてもぶるっと来た。母グマは、小次郎を抱え込み、ほとんど動かず。

一九日、嫌な雨。母グマがテラスに前足を置き、大きく体を穴の外に乗り出した。一瞬、緊張。クマの方が穴の容積より大きいのではないかと思えるほどの大きなクマだ。ただちに「米田の木」の位置を確認。

見ると、素晴らしく大きなクマデ(熊手)を使ってススキをかき集め、中に入れ、敷いていた。そして、雨にぬれた小次郎の体を舐め、乾かしているではないか。何とも素晴らしい感動を呼ぶ。

(小次郎、今夜のベッドは暖かいぞ……)

二〇日も、風雨が強かった。ドングリが芽を出した。

寒いのに小次郎、見違えるように活発に動く。母グマのクマデを相手に、激しくじゃれつく。母グマも、かなり真面目に応対している。ジャブの応酬が続き、はらはらする。そんなに広くもないテラスを歩くたびに、母グマに引き込まれる。

母グマは、鼻を空に突き上げ、鼻孔をひくひくさせて、大量の空気を吸い込んだ。自然の状態を嗅ぎ取り、穴から出るタイミングを見計らってでもいるのだろうか。

ところで、こんなに休んでいると、役所に行ったら机がなかったということになりかねない。午後、出勤した。

二一日、この日を境に母子グマの動きは一段と活発になった。

小次郎が、朝早くから、天井からぶさ下がっている二〇センチほどの白い木の根をたぐり寄せようとしている。汗の噴き出るような熱心さだ。背を思いきり伸ばして、根を引き寄せようと、両手の指をいっぱいに開き、執拗《しつよう》にこだわり続ける。もう少しのところで届かない。つかもうとする指が、何回も何回も空を切った。

(それ行けっ、行けっ。行くんだ……)

私も、いつのまにか応援していた。昼近く、わずかに手が根に触れ、揺れた。ほっとした。

小次郎には、この頃から一人遊びが見られるようになった。それにつれて、母グマが規制する場面も多くなる。その内容は、仰向けになって手足を伸ばしたり、ススキの穂を口に入れたり、母グマの手が届かない尻や背中の側でころんではじゃれつく、といったようなことである。

母グマの腹の上が遊び場になっているのも面白い。母グマに対して、攻撃的な遊びも見え始めた。じゃれがあまりに攻撃的だと、母グマも閉口するらしく、子グマの顔を両手で押さえて、奥の方へ押し込もうとする。

夕方、穴の下一〇メートルのところをカモシカが通る。母グマは、ちらっと目をやっただけで気にしなかった。

二二日は、暖かく、春らしい。カボチャの芽も、ドングリの芽も健やかである。

母グマの外界を気にする行動が多くなった。その動作は、鼻を突き上げ、鼻孔を思いきり広げ、ひくひくと臭いをかぎ、大きくゆっくりと全景を見回す、というのが基本である。草の茂り具合、気象のチェック、危険の存在などを感じ取っているのだろうか。

いずれにせよ、そろそろ出る準備にかかっているはずである。

小次郎は、さらに攻撃性が強くなった。ススキを抱え込み、後足で激しくかき、かじる。さらに母グマに飛びつき、口を大きく開けて咬む。遠目にも、越冬中に脂肪を消費し尽くしてたるんだ母グマの皮膚に、小次郎の白い歯が食い込んでいるのがわかる。

小次郎は、穴の外にも興味を持って来たようだ。頻繁にテラスを出ようとした。テラスを伝って、右手の斜面に登ろうとさえする。しかし、このような場合は、特別に激しく母グマの規制を受けた。大きな手で、地面にもぐり込むかと思われるほど押さえ込まれる。

最近、小次郎の行動に、ちょっとした変化が見られる。激しい攻撃性とは裏腹に、どこか落ち着いた、そう人間で言えば情緒的とでも言うのだろうか、見ていて何かほっとするような感じを与える動作が多くなった。母グマの口を舐めたり、不思議そうに土の中へ鼻を突っ込んでみたり、土くれを鼻で押したり、狭い穴の隅に寄ってオシッコをしたり、などである。

（小次郎、もう少しで山へ行けるぞ……）

夜間、外に出て活動しているかもしれない。さっそく暗視野装置（スターライトスコープ）を用意した。これは、星明りほどの光があれば観察が可能という、驚異的な道具である。二〇時から二二時一二分まで観察した。

しかし、まったく動かなかった。

二三日。とても快晴。観察を始めて、もう一九日目になる。最近、役所に行ったような記憶がない。

朝、テントから起き出すと、小次郎が、あの短い、あるかないか分からないような尾を立てて、踏ん張っているシーンにぶつかった。それに気づいた母グマが、さかんに小次郎の尻を舐める。排便を促しているのだろうか。それとも、排尿か排便の処理か。大きな体の母グマが、懸命にその作業をしているのだから愉快だ。微笑ましい。

二四日、最高の天気。カボチャはすくすく。母グマは、外界を気にして小次郎の動きを無視することが多い。

一五時一八分、小次郎がよろよろとしたなと思ったら、いきなりテラスから転げ落ちた。あまりに突然のことで、二本の三脚にがんじがらめに固定しておいた望遠レンズを動かせない。

小次郎は、見事に転がって落ちて行く。同時に、母グマも、落下同然にダッシュした。途中、小次郎は、張り出した木にごつんと当り、はじけた。母グマは、先回りして、見事に小次郎をキャッチ。見ている方も、皆、思わず母グマのファインプレーに拍手を送った。母グマは、小次郎のたるんだ首の皮をかじって、穴の中に運び上げた。小次郎が「クエーッ、クエーッ」と泣きわめいている。

と、突然、母グマは猛然と反転して、耳を伏せ、攻撃体勢を取り、こちらを睨みつけたではないか。思わず震えてしまい、眼前の二本のコナラの木を見上げてしまった。この日は三人いたのである。

▲越冬中の小次郎母子。穴まで一二〇メートル。観察はひどい傾斜地であった。

これ以後、母グマはさらに神経質になり、小次郎への規制が多くなる。

二五日は、前夜からの夜通しの観察で、眠い。穴から外には出なかったが、夜間も昼間と同様な行動であった。この頃から、山菜採りの人が山に入ったり、スギの伐採が近くで行なわれたりして、母グマは落ち着かない。母子の間で、かなり激しい攻撃的な遊びが繰り返し行なわれていた。母グマはもてあまし気味で、やけくそのように後足で強烈に押さえつける。

二六日、晴れ。暖かい。カボチャの双葉がさわやかだ。一一時三〇分から三九分にかけて、初めて授乳風景を見た。授乳は穴の内側を向いて行なわれるらしく、見たことがなかった。母グマの黒い体に白い乳房が映えている。妙に水々しい。小次郎の唾液で、乳首のまわりの毛がぬれて逆立っている。猛獣の子とはいえ、小次郎はやはり赤ん坊だ。一心に母グマの乳房にすがりつき、足をばたつかせて飲んでいる。そのたびに小次郎の白い足裏が、黒一面の穴の中で浮き立った。暖かい風景だ。

ちなみに、クマの乳首は六個ある。首に近い方が多く使われる。シカやカモシカは四個、多いのはイノシシで一二個もある。

夜間、一人で観察した。夜も普通に見えるらしく、行動の障害になっていない。

(ただし、クマは、目や耳が非常に鋭敏だとは言いがたい。真夏の昼間、捕獲されたクマが、我々の接近を知らずに、仰向けになって、ずっと眠り込んでいることがよくあった。鼻は、文句なしに鋭敏のようだ)。

二一時八分から二六分まで、中腰でこちらを見続ける。

同二七分、母グマが、のそりと穴から出た。すごい迫力だ。緊張で画面が揺れる。フキノトウを数個食べた。

同三三分、母グマを見失う。こちらに向かって走っているかもしれない。これは大変なことになった。緊張で頭が熱くなり、考えがまとまらない。この暗闇の中、コナラの木に登ろうか、車までだと一五分、逃げるか……。

走った。高価（私の一年分の給与ぐらい）な暗視野装置を小脇に抱え、この世の終わりかと走った。背中に母グマがへばりついていないか、振り返り振り返り、確かめ確かめ逃げた。枯れ枝が袖《そで》を引くたびに、激しい悲鳴が喉の奥から込み上げて来る。

息も絶え絶え、やっと車にたどりつく。耳を澄ますと、後ろからは、草ずれの音さえ聞こえなかった。落ち着きを取り戻し、暗視野装置をセットして、車の中から覗いてみる。と、奴め、ちゃんと中で寝ているではないか。何ということだ。恐怖の亡霊に走らされた。無駄な仕事をしてしまった。ばつが悪くて、そのまま車の中で寝り込んだ。

二七日、きわめて快晴。今年最高の気温である。しかし当方は、疲れがひどくて気分は雨。カボチャが四センチメートル、ビニール袋を少し破る。

小次郎の活発さとは対照的に、母グマの憂うつげで外界ばかり気にしている様子が目立つ。小次郎には、瞬発力がついて、野生の切れ味が見えてきた。母グマとの激しいじゃれ合いを通して、野外での活動に耐えられるだけの体力が、もうすでにつちかわれて来たのだろう。

その夜、また一人で観察を始めた。

二〇時三分、母グマは、またも大きく穴から身を乗り出し、あたりをゆっくりと見回した。

同六分、穴から右の斜面に出た。暗視野装置の緑色の視野の中で、あのずんぐりとした怪物が、すべるように足を進めて行く。私の心臓の鼓動が画面に伝わり、画面が揺れた。彼女は、オオイタドリを食べた。今年初めての、本格的な食事だろう。

小次郎が、穴の右端に寄り、「ギャーッ、ギャーッ」と呼ぶように鳴いている。声は、静かな山々の隅々にまで通った。母グマは、小次郎の呼び声にためらったのか、二〇メートルずつの正三角形を描いて穴に戻って来た。

その間一三分。育児を離れて、今年初めて、短い春を味わったのだ。しかし私の方はといえば、こちらに走って来るのではないかと、緊張の一三分であった。昨夜といい、今夜といい、体中から水分が抜け落ちて、もう喉と皮膚がかさかさだ。

それにしても、子グマの声の大きさは、ほめなくてはならない。赤ん坊とはいえ、山の王者の片鱗《へんりん》は、野に生あるものを訝《いぶか》しめたことだろう。

あまりの眠たさに、二三時二八分までで観察を中止。家に帰り、風呂に入って、熱い御飯を食べ、ビールを飲み、寝て、朝は好きな魚の干物をかじり、元気に山に出勤して、驚いた。

クマの親子は、いまや穴から広大な自然に、すでに旅立ってしまっていた。

クマの繁殖の生活史

あまりのことに、全身の力が抜け落ちた。うらめしげに、持って来た魚の干物を握りしめた。精魂傾けたクマの母子観察日記は、こうしてページが閉じられた。

結果的に見れば、「母グマ自身は越冬を終了できる態勢にあるが、子グマに野生下で活動できるだけの十分な体力がつくまで待って、穴を出た」と思われる。

もちろん、山々に十分な餌となる草木の芽吹きが満ちることも、必要な条件である。それまでは、母グマは、いかなる脅威《きょうい》（私たち観察者も含めて、車や伐採、山菜採りなど）にも、子グマのために耐えていたのだろう。

母グマの、いかつい姿に似合わず細やかな愛情に胸が締めつけられ、またスリルをも味わわせてくれた二五日間であった。

（教わったなあ……、健《すこ》やかに育ってくれよ……）

これまで、クマの越冬観察記録は皆無に等しい。大変、貴重な体験であった。

ここで、これまで私たちが観察したことや、他の報告書、また一般的に言われていることなどから、クマの繁殖に関する生活史の概略を述べておこう。

私は野生下で、クマの交尾を見たことはないが、クマは七月を中心として「交尾期」を迎える。テレメトリー調査でも、この時期、多くのクマの位置が、入り乱れて記録される。

雄の動きは活発になり、雄どうしの闘争も多くなる。しかし半面、一頭の雌をめぐって雄どうしが激しく争うというよりも、多くの雌を共有しようとする傾向も見られる。これは、強力な雄どうしが闘争して、共倒れになるのを防ぐためだと言われている。

その結果、幼体を除くすべての雌は、交尾の対象となる。雌は、接近する雄のすべてを受け入れると考えられているが、それは、体力的に雄の方が雌よりも強大だからであろう。

この時期、雄にとって、すべての雄は殺傷の対象であるようだ。敗者が、いわゆる「共食《ともぐ》い」を受けることもある。とりわけ母グマに連れられた雄の幼体が、この被害に会うことがある。この例は、野生下では六月を中心にかなり見られる。これは、他の雄の遺伝子を排除し、自分の遺伝子を多く残そうとする成獣雄の行動だとも言われるが、結果的にそのように作用しているということだろう。

クマ類の特殊な繁殖生理については後半で述べるが、雄雌の繁殖能力については、秋田県林務部が行なった調査で明らかにされている。それによると「雌は三才で初産するものもあるが、一般には四才で初産である。雄では、三才から機能を開始し、一般に四才以上なら特殊な例を除き繁殖能力がある」とされる。

ふつう、雌は二〜三月（越冬中）に一〜三仔（多くは二仔）を産む。産まれたばかりの幼体は閉眼で、体長は二〇センチメートルほどである。しかし、腕力は強く、自分の手で物にぶら下がることができる。穴を出る頃には三〜四キロになっていて、大きめのネコぐらいの大きさである。

クマは成長とともに、二〇〇倍から四〇〇倍にも体重が増える。「小さく産み大きく育てる」動物のさいたる存在である。私も秋田県鳥獣保護センター時代にツキノワグマの幼体を八頭、人工保育したが、入って来た時はネコぐらいでも、夏頃になると二〇キロほどになった。咬まれたりすると大怪我をすることがある。クマはじゃれているつもりでも、当方が受ける打撃は大きい。

私たちが過去に捕獲したツキノワグマ三七頭（そのうちの二頭は広島で捕獲）のうち、夏期のふつうの成獣の雄であれば七〇キロ前後、雌は六〇キロ前後であった。最大は一一二キロの雄だった。これらのクマも、越冬直前には体重が三〇%ほど増加するのがふつうである。クマは毛があったりして大きく見えるが、一〇〇キロを越す大グマは、ツキノワグマでは実際には少ないものだ。

又鬼などの話では、その年に産まれた子の多くは、冬期、再度母グマと一緒に穴で越冬し、翌年の夏、母グマと別かれるとされている。

しかし、私たちが過去に越冬中の雌を観察した秋田県の二三例で、前年の子を連れて複数で越冬していたものは一例しかなかった。おそらく、越冬直前に「子別れ」する例が多いと思われる。また、成獣の雄による共食いや、他の動物による捕殺をも含む自然死も多いことだろう。

飼育下では、寿命は二五~四〇年である。野生下だと一〇年を越えるぐらいだと言われている。

文化庁記念物課の花井正光氏が秋田県で得られた一二一個の射殺個体の歯から年齢を調べたところ、最高年齢は、雄で一七才、雌で一六才であった。平均年齢は、昭和五五年のものでは七・二一才(±一・二七才)、昭和五六年のもので五・四二才(±〇・五七才)であった。

野生では、天寿をまっとうするようなクマは、そんなにいないようである。

モッコに入れてクマを運ぶ

役所の年度もあらたまった一九八二年(昭和五七年)度。この年、幸先よく五月上旬には早くも大グマを捕獲することができた。しかし、調査の態勢がまだ整っていない。しばらく、秋田市立大森山動物園であずかってもらうことにした。

ヘラクレスと名づけたそのクマは一〇〇キロぐらいあり、最近のツキノワグマとしては大きい方だ。獣舎では、吠え続け、野生生活を知らないライオンやトラが震え上がって、朝、一刻も早く獣舎から放飼場へと出たがり、大変世話が焼けたという。二週間ほどして会いに行ってみると、なるほど凄まじい。鉄格子のまわりに張ってある丈夫な金網を全部引きずり降ろし、剝いでいた。小窓から覗いた時、あやうく、半地下になっている獣舎から飛び上がったヘラクレスにメガネを取られるところであった。

六月になり、このヘラクレスは使用不許可ということになった。上層部がこのヘラクレスの凄まじさに驚いたのだ。私たちは、泣く泣くヘラクレスをトラックに乗せ、ひっそりと山に運んだ。クマを捨てるという、人生初めての空しい体験をした。

この年、新しく三人の調査員が加わった。六月から七月にかけて、新たに太平山の南斜面（野田《のだ》）にベースを作り、追跡や通信の訓練を繰り返した。

八月一五日、クマが捕獲されているのを発見、二四日に発信機を装着のうえ、放獣と決定した。わりと大きな雄グマで、体重は六〇キロ、頭胴長は一六七センチメートル。アキレスと名づけた。

檻に近づくと、中のアキレスは喉をしぼって「ウーワー、ウーワー」と鳴いた。驚いた一人が「このクマ、今、クマッ、クマッって鳴かなかったか」と聞いた。皆、幾分しらけたような顔をして「クフッ、クフッでしょう」とか「ウワッ、ウワッでしょう」と答える。私には「ウーマー、ウーマー」と聞こえたように思う。どうも、人によって聞こえ方が違うようだ。

クマという動物に「くま」という名前がついているのは、クマが「クマ、クマ」と鳴くことに由来していると言う人もいる。現在もっとも信頼されている説は、朝鮮語由来説で、クマを朝鮮語で「コム」と発音するからである。

さてアキレスだが、今年からいくらかでも放獣グマによる危険をなくそうということで、放獣地点を遠い山中とすることになった。そのため、捕獲地点から移送しなければならない。

調査員を総動員し、アキレスに麻酔をした上で、モッコでまず車まで運ぶ。途中、麻酔がうすれたアキレスは、何度も寝返りをうち、そのつど、皆、浮き足立った。担《かつ》ぎ手が、思わず棒を離しそうになる。

緊張の連続だった。途中ですれ違った登山者は、あまりのことに絶句して「生きたクマだ！」と呆然と立ちつくしていた。

二四日、放獣当日。集合地点には報道機関、県関係者、調査員、ハンターなど四五名が集まった。太平山山頂、剣岳《けんだけ》、野田のベースには、すでに調査員が先発している。

獣医が、吹矢で麻酔にかかる。一五分ほどでアキレスは動かなくなった。舌を咬まないように角材を咬ませ、まず外部測定を行なう。問題は、首輪だ。首の周囲に合わせボルトで固定するのだが、これは短時間で行なう必要があるためチームワークが大事だ。

ベルトに開ける穴の位置がなかなか決まらず、焦る。流れ落ちる額の汗を拭いつつ、ベルトの両端をバイス（小型の万力《まんりき》）で固定し、ボルトを通す穴の位置を決めた。ややベルトがゆるいのが気になったが、小島さんは「秋になるともっと太るから、これで良いヤ」と言う。私もそう思う。

▲首輪の装着が完了したアキレス。
舌を咬まないように角材を咬ませてある。
▼首輪から発信される時々の活動状況がアクトグラムに記録される。

ベルトに、煙を上げながら、焼きコテの先が通り、穴が開いた。ボルトを通し固定する。長い分は切り取る。装着完了である。

緊張の作業中、罵声が飛びかう。クマでは常に危険が伴なうから、つい私も怒鳴ってしまう。かつて、不用意に檻の中に手を入れ、手を引き込まれて、手袋を剝ぎ取られた学生がいた。

装着の完了とともに、再度モッコに入れ、またまた「おサルの籠屋《かごや》」式の運搬をやらなければならない。集合地点から、山中の放獣地点まで、アキレスを移送するのだ。

狭い登山道を、四〇人からの人間が一列にならんで放獣地点に向かった。途中、担ぎ手の丹野君が、丸木橋でバランスをくずし川に落ちるというハプニングがあった。ようやく、私たちは所定の場所でアキレスを放すことができた。

ところで丹野君だが、彼にはまだ、この後、剣岳をへて太平山頂に食料を上げるという任務があった。

「丹野君、早く行かないとアキレスが追いかけて来るぞ。クマは登山道を好んで歩くし……」

そうおどかされた彼は、後を振り返り振り返りしながら太平山頂に向かったという。

こういう調査で分かったことだが、人には長期滞在低労働型と、短期間重労働型があるようだ。滞在型は、例え長期にわたっても、重労働がなければいつまでも定着できる。すなわちベース管理型である。一方、荷揚げなどの重労働であっても、仕事は短時間がよいというタイプがある。こういう調査には、どちらのタイプも必要だと痛感した。

二頭目のクマ、アキレスの動き

アキレスは、麻酔の影響か、放獣地点周辺に四日間も滞在した。

八月二七日は猛烈な風。あらゆる気象警報が発令されていた。フェーン現象で気温が異常に高いにもかかわらず、アキレスは激しく動いた。クマは、気象状態で行動を大きく変えるものなのだろうか。

この時点では、まだ、動きの内容まで分かるアクトグラム法は用いておらず、それを知るためには信号音声の強弱に頼っていた。

アキレスは明らかに剣岳の鞍部を越えようとしている。風当りの少ない北斜面側へ移動しようとしているのだろうか。

阿仁の又鬼たちは「クマは長い尾根を越える時は低くくびれたダル（鞍部）を越える」と言っている。これは当っているようだ。興味ある行動だ。太平山山頂と野田のベースにある大型アンテナは、鋭く剣岳の方向を指していた。剣岳班が携帯アンテナを持ってアキレスに接近した。

「受信機のメーターが振り切れ、我々は木の陰に隠れます」

渡辺君が笑って報告してきた。笑いごとではない。アキレスはエイトマンとは違う。放獣直後で敵《てき》愾心《がいしん》を持っているはず。至急キャンプ地点に戻るよう指示。

アキレスは、結局、剣岳の鞍部を越え、太平山系の馬蹄形の内側、すなわち国民の森側へと向かった。急ぎ、国民の森のベースに移動班を出し、迎え待った。尾根を越える瞬間の発信電波が実にリアルに伝わってくる。一方の受信機が急激に沈黙すると同時に、反対側の受信機がにわかに活気づいた。

真夜中、私も国民の森ベースにたどり着く。疲れ果て、ビニールシートにくるまって歩道で寝た。ベースには特大のアンテナが設置してある。落雷が怖い。夜どおし青白い閃光《せんこう》が夜空に満ちていた。風は木々の枝を吹き飛ばしている。枝が折れようが、雷がうなろうが、動物が私を踏まないことを祈りながら、その夜はただひたすらに眠った。

アキレスは、捕獲地点に戻って来たのだ。明らかに「ホーミング（回帰《かいき》行動）」である。すなわち、自分の主な活動地域に戻ったのだ。

ところで、自分の主な活動地域に固執《こしつ》するかどうかは、すなわち「テリトリー」があるかどうかという問題と関連してくる。

研究者の間で、クマはテリトリーを持つだろうかという疑問が長くあった。多くの動物で、排他的なテリトリーを持つ例が見られる。クマはどうだろう。自分の行動圏に他の個体が入るのを拒否するだろうか。

後に、私たちが一九八六年（昭和六一年）から行なった多頭数追跡の結果から、クマは、行動圏の重複がはなはだしく、したがって相互に排他的でないことが分かった。はっきりとしたテリトリーはない、と言えた。特にそれは雌に著しい。

テリトリーについては、日光での調査でも、まったく同じことが見られたという。このことはまた後でふれる。

アキレスはさすがに神話の英雄だ。雄大な移動能力をもっている。やがて、太平山系の北ライン、馬場目岳《ばばめだけ》を中心に、ほぼ五〜六〇〇メートルの標高に添って周期的に回遊《かいゆう》するように移動するようになった。それはブナ、ミズナラの結実ラインと一致していた。山々は秋を迎え、アキレスも冬に備える時期だったのだ。

アキレスが太平山系の内側、すなわち国民の森の周辺に来ている間は、私たちの手の内にあるといえた。長期の追跡に備え、各班の機能を強化して彼に対応するようにした。しかしアキレスの移動量は、エイトマンに比べ、格段に大きかった。まだ航空機による追跡ができなかった当時、移動量の大きいアキレスの追跡は、結局、ほぼ一ヶ月しか続かなかった。

一〇月初め、彼は最も追跡の困難な馬場目岳の北東の方向へ移動してしまった。その先には森吉山や八幡平が連なっている。何か新しい追跡方法を考えなければならないようだ。

この一ヶ月間、彼からは二五七点の活動ポイントが得られ、他の調査に比較しても格段に精密な測定ができた。その約一ヶ月間に、彼は約二、六〇〇ヘクタールを動き回った。前年の若いエイトマンの最大行動圏の六五六ヘクタールを大巾に越えている。一年を通してアキレスを追跡していたら、もっと大きな行動圏が得られただろう。

ツキノワグマが一年間にどれくらい動き回るか、その目安についてはすでに述べた。記録された行動圏の最大を他の例と比較すると、日光での最大雄は三、九〇〇ヘクタール、白山には二、九〇〇ヘクタールの雄がいた。一九八六年(昭和六一年)以後私たちが追跡した例では、いずれも雄であるが、ペリセウスの七、一九一ヘクタール、ゴンの六、三四〇ヘクタール、ケンサクの六、二八〇ヘクタールが大きな行動圏の例である。

ゴンの場合、その年の堅果植物が凶作で、必然的に餌を求めて行動圏が広がったものと思われる。翌年は豊作で、行動圏は三、〇二五ヘクタールと減った。ケンサクの場合は豊作年で、翌年は凶作年となったが、それでも六、一八〇ヘクタールと、ほぼ前年と同じ大きさであった。ペリセウスの場合は普通作の年であった。どうも、個体によって食餌植物の豊凶にたいする感じ方が違うようだ。雌でも大きな行動圏を持つものがいるが、それでも雄の方が雌より数倍は行動圏が大きいということが現在では分かっている。

アキレスの一日ごとの行動圏の最大は六三五・二ヘクタール、最小は三・三ヘクタールであった。また測定点間を結んだ一日当りの移動距離の最大は一三・〇キロ、最小は〇・七五キロであった。移動する日と滞在する日のあることが分かる。

アキレスの活動地点を地図上に落とすと、明らかに、活動地点の集中している地域（コアエリア）と、単に移動に使われているコース（コリダー）のあることが浮かび上がってくる。当初、私はこのことが不思議で、新しい発見だと思っていた。しかし、東京農工大学が行なった結果や石川県白山自然保護センターが行なった結果と、それはまったく同じだということを後で知った。

活動の中心地では、主に採食が行なわれ、その周辺に食べ物がなくなるまで、そこに何日でも滞在しているものと思われる。クマは単一食を行ない、好きなものがなくなるまで、いつまでも採食を続けるという習性がある。そのため、クマが養蜂場や果樹園などに居着くと、なくなるまで食べ続けるため、被害が大きくなることになる。その結果、駆除を受ける機会も増えるということになる。食べ物がなくなると、移動コースをたどって、次の餌場へと移動する。

追跡も二頭目になり、少しはクマの活動のパターンが見えて来たように思われた。

初めての雌、アラレの場合

話はやや戻り、アキレスを追跡していた九月一五日のこと。秋晴れの快晴、敬老の日ということで、国民の森は沢山の人出で賑《にぎ》わっていた。檻の見回りをしたところ、国民の森近くの檻に、小さなクマが入っていることが分かった。

やや単調になりかけていた追跡調査に活気が戻った。しかし、国民の森は人であふれている。放したクマで何かトラブルでもあれば大変だ。そこで、夕方やや暗くなってから放獣しようと決めた。しかし、まだ午後一時である。それまで、ささやかながら焼き肉パーティーでもしようということになった。やがて、隣りで宴会を開いていたオジサンたちから声がかかる。だいぶ酒が回っている。

「お前たち、例のクマのグループか？　なるほど、クマみたいな連中だな。まあ、こっちの肉も食いなよ、キリタンポも食いな、ほれ、酒も飲め……」

こちらは腹を空かした若い連中ばかりである。ありがたく酒も飲み、ハシを動かす。

すでに、五時になっていた。皆、ほとんど酔いつぶれてしまっている。暗くなってはたまらない。

「そうだクマだ！」という声に、泥酔に近い集団はぞろぞろと現場に向かった。

午後五時三〇分、三〇キロぐらいのまだ若いクマが檻の中でうなっていた。麻酔に取りかかり、若グマは動かなくなった。私もかなり酔っていて、こちらも麻酔にかかったような状態ではあったが、若グマには麻酔が十分に効いていると確信した。

小島さんも大きなアクビをして「大丈夫だ……ろ……」と言ってくれた。

もっとも麻酔が効いていると思われる川辺君が、うつろな目をして、いきなり若グマの檻の入口を持ち上げ、近くに投げ捨てた。

「待て！」と私が叫んだ瞬間、クマは立ち上がり、川辺君にのしかかって来た。ほんの一瞬の出来事だった。川辺君は、呆然と立ちすくんだ。それでも麻酔が効いていたのだろう、幸いなことに若グマは川辺君に危害を加えなかった。

小島さんも酔っていた。目が眠っている。銃を支えるのがやっとの感じで、銃口は大きく揺れていた。

「みんなどけ、頭を伏せろ！」

そう怒鳴る語尾が不明瞭だ。二人ほどが取りすがり「小島さんやめてくれ、撃つな、人さ当る！」と懇願した。

クマは走り出した。この瞬時の危機迫った状態のなかで、各自がどういう行動を取ったかを、私は、はっきりと覚えている。私と加賀谷君は、斜面を登ろうとしていたクマの後足をつかんでいた。私たちが足をつかんでいるのに、佐藤君は、太い棒でクマをなぐっていた。おそらく彼は、馬場目岳に一ヶ月も長期滞在していたことで、運動不足であったらしい。

それはともかく、この間、三〜四分だったろうか、とにかくクマの尻に思い切り大量の麻酔を打ち、ようやくのことでダウンさせた。いやはや、酔いも完全に吹き飛んだ。それからは、酒を飲んでからの仕事は止めた。

麻酔を打ち過ぎたのか、このクマは、丸三日間、動かなかった。一時は死んだのかと思ったほどだ。まだ若い雌で、とても可愛いクマだった。それでアラレちゃんと名づけることにした。アラレはその後、長期追跡記録や、その他の貴重な資料を提供してくれることになる。一九八八年（昭和六三年）九月には、再び捕獲されることになる。

やっと雌を捕獲できた。しかし、アラレはまだ若いので、来年の二月に出産があるかどうかは分からない。願わくば越冬中のアラレにもう一度出会って、できることなら「出産シーン」が見たいものだ。

このアラレの時点から、クマが動いているか休んでいるかが分かるアクトグラム装置を導入した。クマがどの時間帯に活動し、休むのか、これで決定的に分かるのだ。

原理はいたって簡単である。クマが動くと、首輪に取り付けてあるアンテナのワイヤーが揺れ、そのため受信側の電波に強弱がつく。その強弱の変化をレコーダーで記録するだけである。この装置の効果は絶大であった。電波の乱れは、記録紙の上で、きれいな赤い波となって現われて来る。激しく乱れた波は活動を、穏やかな波は休止を、それぞれ意味しているのである。

この時から、アキレスとアラレの、二頭の追跡が始まった。アキレスとアラレは行動圏が大巾に違い、追跡は二面作戦となった。大変な作業だったが、この時の経験が後の一九八六年（昭和六一年）からの三〇頭のツキノワグマの同時追跡、一九八七年（昭和六二年）の四頭のヒグマの同時追跡に役立った。追跡専用車の使用やセスナ機による効率的な追跡へと発展したのだ。

一〇月初め、アキレスの追跡が不可能になった。首輪の発信機の不調は考えられず、今は追跡の容易なアラレに重点を移すしかない。

アラレは、追跡しやすい幹線林道の周辺で行動していた。一〇月になると、仁別集落の方向に移動し、私たちを心配させた。

生きて、歩き、食べ、寝ているアラレの熱い鼓動が、受信機を通して、こちらに伝わって来る。

ところで、アクトグラム法による波のパターンの読み取りについては、研究者によって若干違いがあるが、私は、次の三種類に分けている。

パターンが「激しく変化する」ものを「IMP」とし、これには走る、歩くなどの移動を伴う行動が含まれる。

パターンが「小さく変化する」のを「SMP」とし、これには休息など位置の変化が伴わない行動が多く含まれる。

パターンが「全く変化しない」ものを「NMP」とし、これには睡眠や、まったく動かない休息が含まれる。

このパターンの読み取りは、本来なら実際のクマの動きと整合すべきであるが、しかし、それは、危険で、事実上困難であるため、私は、カモシカに見られた一九の行動の種類と、それに対応するパターンの現われ方を参考にして、前記のように分類している。

一〇月半ば、アラレはしばしば穴に入るようになった。一〇月とは早い穴入りだ。本格的な穴入りは、早いもので一一月初め、普通は一二月中旬である。アラレは、穴入りの予行練習でもしているの

◀天然スギの立ち木を利用した越冬穴。上の写真ではアラレが穴から身をのり出している。

だろうか。

穴に入ると、アクトグラムの波パターンがNMPとSMPの繰り返しになり、しかも単純になるのでそれと分かる。一つのパターンだけが半日とか一日とか連続することはない。しかし、厳冬期の二月ともなると、NMPの割合が六〇～七〇％にもなる。つまり、ほとんど動かず、眠っているということになる。

一九八六年（昭和六一年）から、多数のクマのアクトグラムを取り続けたところ、クマは黎明薄暮型の、昼行性の活動をするということが、はっきりと分かってきた。活動の大きなピークは、夏期でいえば午前六時前後と午後四時前後に見られる。午後一時頃にも、小さなピークが見られる。

面白いことに、IMPの少ない厳冬期でも、同じ時刻に、弱いながらも活動のピークが見られた。越冬中でも体は夏期の体内リズムを維持しているのだ。

アラレは、一一月中にも何回か岩穴に入り、ある特定の方向からしか電波が入って来なかった。深い岩穴は、狭い範囲にしか電波を出さないためである。

驚いたことに、アラレは、最終的に越冬穴に入るまでに、六個所の穴で合計九回の穴変えをした。アラレは、すでに雪が積っている一月、二月にも雪の上に足跡を残して移動し、他の穴に入ったのだ。

アラレは一九八八年（昭和六三年）九月に再び捕獲され追跡されたが、その冬、越冬中の一九八九年（平成元年）二月一九日にも穴変えをしたことが確認されている。そして、大嵐になった八日後の二月二七日の真夜中に、再び元の穴に帰って来た。

クマが越冬穴を変えたり、雪のある真冬に移動したりするものだろうか。それを、直接観察できるだろうか。アラレの追跡が始まった。

越冬穴はどこだろう。アラレは出産するだろうか。しかし、「越冬穴F」は容易に特定できなかった。

無線担当の加賀屋さんと千田君が連日動員された。しかし接近しすぎると信号の強度があまりにも強過ぎ、受信機が飽和して方向が取れなくなってしまう。後年これは改良され、飽和したらしぼり込む装置が付加されて解決でき、越冬穴探しに活躍した。

一九八三年(昭和五八年)一月三〇日。一メートルの雪をかきわけて、私たちは今日も連なって尾根を登って行った。アラレは一月一七日に、この付近の森に入ったはずである。

突然、上方の天然スギの大穴からぐっとこちらに身を乗り出しているクマにぶつかった。皆、慌てて伏せた。が、クマは、とっくに私たちを見つけていたらしい。悠然と見下ろしている。

「米田さん、首輪、首輪!……」

誰かが指差す。確かに、そのクマの首には緑色の首輪が巻きついている。

「アラレだ!」

ほぼ一四〇日ぶりの対面であった。佐藤君になぐられ、あんなに麻酔もされたのに、よく生きのびてきたものだ。天然スギが中ほどで折れ、大きな空洞が外に開いた寒々しい穴で、アラレは冬を越そうとしていたのだ。しかし、この日、アラレは私たちの出現に驚き、穴から出て他の場所に越冬穴を変えてしまった。彼女の越冬生活を攪乱《かくらん》したことになる。

がっかりしていると、二月四日になって、再びこの「越冬穴F」に帰って来ていることが確認された。私たちは、早速、六〇メートルほど離れた向かいの尾根に大型のテントを張り、長期観察をすることにした。

よく見ると、アラレの穴は南向きで、入口は大きく開いているものの、中には、木クズが厚く堆積していて、暖かそうである。アラレは、体の一〇パーセントほどを外に出し、木クズの中に潜り込むようにして寝ていた。入口をふさいでスコープを入れ、中を観察しようという計画はとても無理だ。以後、外に顔を出すことなく、わずかに体を持ち上げたり、ゆっくりと体の位置を変えるだけであった。

四月七日九時三〇分に、アラレは越冬を終了した。穴から出るまで、私たちは、アラレの尻ばかり見続けた。アラレは、子供を連れていなかった。

六月中旬、アラレの越冬穴の計測に行く。アラレの体を冬の間じゅういたわったベッドは、オガクズのような木の粉でふかふかとしていた。体に合わせて型取りしたようなくぼみが、ぽっかりと開いていた。

そして、穴の入口には、大きな、とても大きなウンコが二個、転がっていた。冬の間、宿を提供してくれたスギの木への、ほんのお礼のつもりだろうか。赤い顔をしてふんばっただろうアラレが可愛

▲越冬穴をふさぐ。
天然スギの立ち木の
地上二メートルほどのところに
直径四〇センチメートルほどの入口が
天空に向けてあいていた。
数日後、クマは、三人が立っている
足場のあたりに穴をあけ、出て行った。
別な出口があったのだ。
(二二二頁のオシンの項参照)

▲スギの木に〝す〟が入ると
内部に、このような空洞ができる。
もちろん商品価値はない。
〝す〟が入っていることは
最初からわかっているのだから
伐らないで残しておいてほしいものだ。

い。

クマは、越冬を終える直前、越冬中に固くなった糞を出していく。いわゆる「栓《せん》」と呼ばれる固い糞で、腸内のカスが越冬中に脱水されて固くなったものだ。それがあまりにも大きく固まって、春に、出すのに苦しくて、張り裂けんばかりに苦しむクマの吠声が山中に響き渡ることさえあるという。後年、ゴンと名づけた雄グマは、大人の足首ほど太い、サツマイモのような糞を六個残して行った。ゴンも、産みの苦しみを味わったことだろう。

この「栓」の内容を分析すると、木のクズや草が出て来る。越冬している樹洞の内壁や、周辺の枯れ草を食べているらしい。やはりクマは、越冬中でも腹が減るようである。

ところで、ツキノワグマに関して、越冬は一般的にどのような所で行なわれるのだろうか。これまでクマの越冬に関する情報の多くは、ハンターによるものであった。しかし、近年、石川県白山自然保護センターが白山で行なった調査や、東京農工大学が日光で行なった調査から、また私たちが追跡した例などから、次第にその実態が分かって来た。

白山では、テレメトリー追跡により直接観察をしたものとして、ヒメコマツの根上《ねあ》がりに入っていたものが一頭いる。他に、狩猟に参加して調査したところでは、雪穴、岩穴、土穴、ブナやミズナラの樹洞などが利用されていた。日光では、テレメトリー追跡したもののうち、七頭について越冬地点まで追跡したが、残念ながら直接の確認はない。岩穴や、ミズナラの樹洞が利用されていたと考えられている。

私たちが直接内部まで観察したこれまでの例を、全部上げよう。詳しくは逐次述べるが、時期は、一九八二年（昭和五七年）のもの以外は、いずれも厳冬期の例である。体重は放獣時のもの、一九八七年（昭和六二年）以後の通し番号は捕獲順である。

一九八二年（昭和五七年）：小次郎と母グマ。土穴。
一九八三年（昭和五八年）：アラレ（二五キロ）。折れた天然杉の立ち木。
一九八九年（平成元年）：アラレ（六六キロ）。天然杉の倒木。
一九九〇年（平成二年）：アラレ。天然杉の伐根。
一九八七年（昭和六二年）：NOI（四六キロの雌）。天然杉の倒木。
同　：NO2（八六キロの雄）。天然杉の倒木。
同　：NO6（七五キロの雌）。天然杉の立ち木。（この個体は越冬初期には天然杉の倒木を利用し、途中で穴変えをした）
同　：NO7（六二キロの雌）。天然杉の立ち木。
同　：NO9（六〇キロの雌）。ブナの立ち木。（この個体は越冬初期には天然杉の伐根を利用し、途中で穴変えをした）
同　：NO11（六九キロの雌）。天然杉の立ち木。
同　：NO13（五二キロの雌）。ヒノキの立ち木。
同　：NO18（八九キロの雄）。岩穴。
一九八八年（昭和六三年）：NO6。天然杉の立ち木。

◀NO1。
一九八七年四月確認。
南向きの急傾斜の伐採地。
日当り良。
天然スギの倒木（枯）。
標高五七〇メートル。
傾斜角五八度。

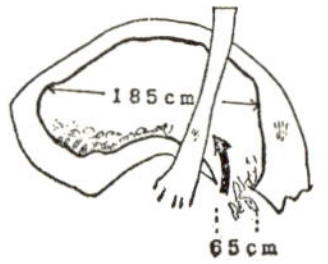

◀NO2。
一九八七年四月確認。
南西向き斜面の伐採地。
日当り良。
天然スギの倒木（枯）。
標高五八〇メートル。
傾斜角一六度。

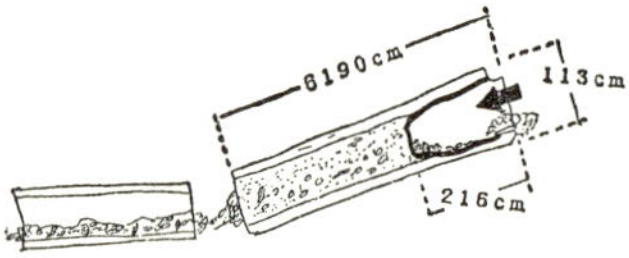

◀NO7。
一九八七年二月確認。
南向きの急傾斜地。
日当り良。
天然スギの立ち木（生・枯）。
標高五五〇メートル。
傾斜角五二度。

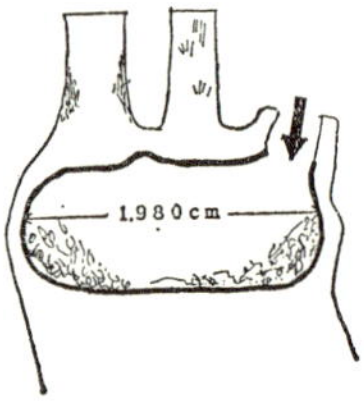

◀NO13。
一九八九年二月確認。
北向き斜面のブナ林。
ブナ（生）の根上り。
傾斜角三八度。
積雪一四五センチメートル。

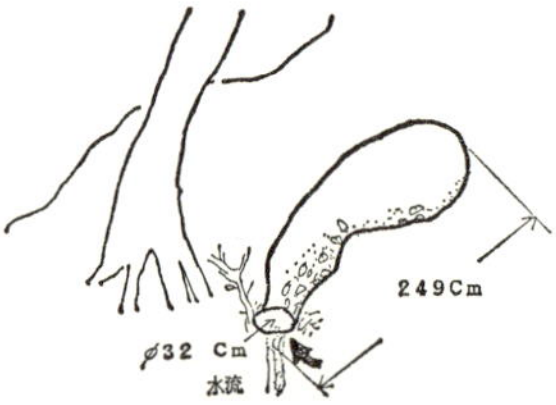

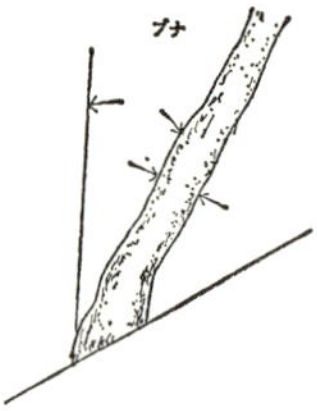

◀NO20。
一九八九年二月確認。
北向き急傾斜の天然スギ林。
ミズナラの立ち木（生）。
標高三五〇メートル。
傾斜角四二度。

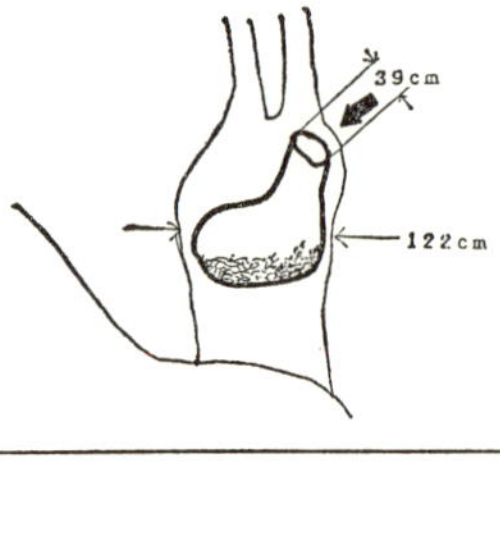

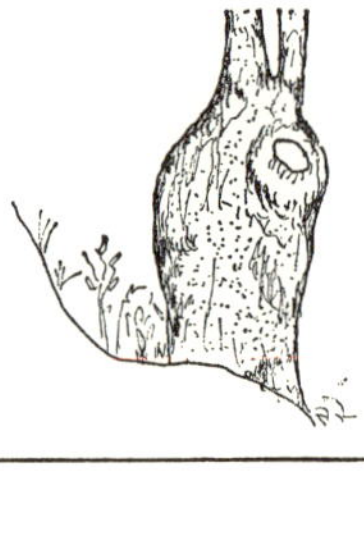

同　　　　　　　　：NO13。天然杉の伐根。
一九八九年（平成元年）：NO1。天然杉の倒木の根上がり。
同　　　　　　　　：NO6。天然杉の立ち木。
同　　　　　　　　：NO9。ブナの根上がり。
同　　　　　　　　：NO13。ブナの根上がり。
同　　　　　　　　：NO20（三五キロの雌）。ミズナラの立ち木。
同　　　　　　　　：NO21（七七キロの雄）。天然杉の倒木。
一九九〇年（平成二年）：NO1。天然杉の伐根の根上がり
同　　　　　　　　：NO9。天然杉の立ち木。
同　　　　　　　　：NO13。天然杉の伐根。
同　　　　　　　　：NO20。天然杉の根上がり。
同　　　　　　　　：NO23（七二キロの雄）。ブナの根上がり。

これらの例から、直接越冬を確認した個体のほとんどが「木」を利用していることが分かる。そして、その多くが天然スギの立ち木である。そして、体重の増加とともに、倒木や岩穴を利用する傾向も見られる。立ち木だと中が狭く、入口も狭いからである。穴の入口は、木の上部、根上がりの部分、根近くの裂け目などであった。

内部の状況は、ほとんどの場合、一頭が入るのがやっとの広さだ。ただし一九八七年（昭和六二年）

のNO7の雌では、二頭分の広さがあった。内部は、木のクズや粉が堆積していて柔らかい。伐根や土穴の場合、周囲にあるササやススキを運び入れることがある。

一九八八年(昭和六三年)のNO13の雌では、穴は天然スギの伐根であったが、周囲の四本の植林スギから葉や皮を剝ぎ取って来て敷いていた。

これらの越冬穴には、天井が完全に真上に開いているものがあり、雨や雪が直接クマの体に降りそそぐタイプのものが見られる。また、体の一部が、外部に露出しているものさえある。クマはいったい、どういう基準で越冬場所を選んでいるのか、その感性を疑いたくなることがある。

越冬穴の場所は、一九八八年(昭和六三年)のものまではいずれも南東、南西を問わず、すべて南向きの斜面にあり、太陽と正対していた。ところが一九八九年(平成元年)のNO9、NO13、NO20のものは北向きで、ちなみにこの年は大暖冬であった。また一九九〇年(平成二年)にはNO9、NO13、アラレが北向きであった。

これは、日光ではすべて北向きであったとする結果と大分違う。二、〇〇〇メートル級の標高で越冬する日光のクマは、越冬場所として北向きで積雪の多い場所を選ぶらしい。その理由として、東京農工大学の羽澄俊裕氏らは、雪でおおわれると気温が一定になり消耗が少ないからだとしている。日の当る南向きの斜面を選び、三〇〇メートル級の低標高地に越冬穴を選ぶ秋田のクマと、日光のクマとは、なぜこのように違うのか、今の時点では分からない。しかし、秋田での越冬期間のアクトグラムを見ていくと、高標高の場合、あるいは越冬場所が雪に完全におおわれている場合は、アクトグラムにNMP(変化がない)のパターンが多くなる例があり、このことは日光とよく似ている。

秋田の例に多い立ち木の場合、入口が北向きだと、冬の冷たい北西の季節風に直接さらされることになる。それを防ぐために、多くの場合、南向きの斜面で越冬するのではないだろうかと思われる。暖かい地方のクマが寒い地点で越冬し、寒い地方のクマがより暖かい地点で越冬しているのだから、クマの世界は不思議議である。生身《なまみ》の私としては、寒いより暖かいほうがよいと思うのだが。

クマは日々、どのような生活をしているか

さて、アラレは、越冬を終了した後、捕獲地点方向に戻った。だが、やがて七月一五日ごろ信号が途絶え、アラレとの交信はできなくなった。

追跡のしやすかったアラレは、膨大なアクトドラムによる資料を残してくれた。アラレの例と、その後の多くの追跡から、クマは、やはり昼間よく動く「黎明薄暮型の昼行性」という結論を得た。古来言われてきた「クマは夜行性」という概念は捨てなければならないようだ。クマが夜に果樹園や耕作地にやって来るのは、人間の活動時間を避けているためである。

アクトグラを解析して浮かび上がって来た彼らの一日の活動の様子を再現してみると、おおむね次のようになるだろう。

夏、夜の一〇時頃、一頭の雄グマが、沢にある一本のミズキの木を見上げている。昨夜はササのベッドに寝たし、今夜はこれで寝てみよう。

ミズキの木の上に登ったクマは、枝をたぐり寄せ、一夜のベッドを作り上げた。ぐっすりと眠りに入る。その日は沢山の餌にありつけた。満足そうな寝顔である。

朝の四時頃起き出した。五時、大きな沢が合流している地点にたどり着く。エゾニュウなどの草を心ゆくまで食べる。いつの間にか、二つ三つと沢を越えた。一〇時頃、満足した彼は、薮に入ってうつらうつらと休んでいる。

一二時頃、活動再開。少しばかり沢を移動して、一四時頃、再び休む。

一六時頃、体を起こす。今度は、雑木林に入って懸命にハチの巣やアリを探した。暗くなりかけた一九時頃、再び沢に入り、柔らかい草を探す。エゾニュウなどを心ゆくまで味わった。二一時頃までそれを続ける……。

さて、この一九八二年(昭和五七年)度の調査は、アクトグラ法を取り入れたことによって、調査に躍動感を与えてくれた。

二頭の追跡結果の概略をまとめておこう。

八月一四日に放獣したアキレスは、最終記録日となった九月二五日までに、二五七の測定点が得られ、初秋の行動を追跡できた。放獣後、五日目、捕獲地点周辺に戻って来て、明らかな回帰移動(ホーミング)を見せてくれた。捕獲地点周辺に戻ってから終認までに、彼は二、五九五・六ヘクタールの範囲を移動。一日ごとの最大行動圏は六三五・二ヘクタール、最小は三・三ヘクタールであった。平均は八六・二八ヘクタール。一日当りの移動距離の最大は一三・〇キロ、最小は〇・七五キロ。平均は三・九キロ。エイトマンに比べ、どれをとってもアキレスの方が上回っている。

アラレからは九月一五日に放獣し終認する翌年の七月一五日までに、九四の測定点が得られた。その間、六二二・六ヘクタールの範囲を移動、これはエイトマンとよく似た面積である。

アラレは、約一〇ヶ月間追跡できた。それで、季節別に考察してみる。九月一五日から第一回目に穴に入った一〇月二二日までを「秋」とすると、その間の行動圏は五三七・八ヘクタールとなる。

アラレは六個所の穴を九回も穴変えし、例外的に冬期にも行動圏を持っていた。いずれも幹線林道に近かったため、伐採作業や自動車の影響があったものと思われる。最終的には枯れたスギの立ち木が選ばれた。

最終的に越冬を終了した四月七日までを「冬」とすると、その間の行動圏は一一四・〇ヘクタール。四月七日からほぼ草木に新葉が出そろう五月三一日までを「春」とすると、その間の行動圏は九一・四ヘクタール。

六月一日から終認の七月一五日までを「夏」とすると、その間の行動圏は一七三・四ヘクタールである。そして、これらの季節的行動圏は、いずれも大きく重複しあっていた。

アラレについては、約一〇ヶ月間にわたって一、三〇五時間のアクトグラムが採取された。その結果を見ると、アラレは、九月にはやや活動量が少ないものの、一〇、一一月と次第に活動量が増え、一二月には急激に落ちている。二月で最低となり、越冬を終了した後の四月一五日からは再び上昇、それは夏まで上がり続けている。

一〇、一一月の活動量の大きさは、採食によるものと、越冬穴探しに費やされたためだろうと思われる。

渡りグマと地グマのこと

調査を始めて三年目。一九八三年(昭和五八年)の七月一六日、前年アキレスを捕獲したのと同じ檻にクマが入った。珍しく「泣く」クマで、一日中、尾を引くように鳴き続け、近くを通る登山者を震え上がらせていた。

「ウオーーーーーーーーー」ときて最後に「ッ」と短く息をつめて鳴く。

八月二日に放獣となり、アキレスの時と同じようにモッコで移動し放獣地点まで運んだ。体重四六キロ。頭胴長一二八センチメートルの、まだ若い雌であった。名前は朝の連続テレビ小説「オシン」からとった。当時、国民的人気番組だった。

オシンも、モッコで山奥へ運ばれた。せまい道にかかった。その途中で、モッコが急にほどけてしまった。オシンは立ち上がった。皆、蜘蛛《くも》の子を散らすように逃げた。列の後方には、この異常が伝わらない。

オシンは、まだ麻酔が効いていて、再び倒れた。慌ててモッコをかぶせ、どっと皆でおおいかぶさった。その間に麻酔を打ち、危機を脱した。

オシンもアキレスと同じく、放獣地点から捕獲地点へと戻って来た。またしてもホーミングである。

厳然とホーミングはあるというのに、テリトリーがないというのはどういうことなのだろう。

ホーミングとは、自分の行動圏にこだわることである。不思議なことだ。もしかして、クマたちは、餌のある時期、ある一定の場所を仲良く「共有」しているのではないだろうか。

この結論は、一九八六年(昭和六一年)の多頭数追跡調査まで待たねばならない。

オシンを追跡していた最中の八月二四日、今度は小荒沢《こあら》の檻に成獣の雌が入った。その日のうちに、このアラレパート2(以下P2)は放獣された。見事な雌の成獣で、出産シーンが期待された。

この年は、短期間に人員を大量動員せず、細く長く小人数で追跡しようと心がけた。冬期にも追跡したかったからである。

オシンも、アラレP2も、追跡のしやすい個体であった。雌どうしは、行動圏がはなはだしく重複する傾向にある。そのため、この複数追跡は容易だった。一頭だけの追跡は、クマの行動のほんの一部をかいま見るだけに過ぎない。クマも、やはり他のクマとの関係の中で生活している。今後は、複数追跡の規模をさらに広げる必要があるだろう。

ところが、またしても一〇月になるとアラレP2は馬場目岳の北東方向へ移動した。もう人力による追跡は困難だ。そしてついに下旬には追跡不能となってしまった。アキレスの場合とまったく同じだ。

ところで、クマは移動能力の大きい動物だとされている。実際にそうだろうか。

オシンは、一九八六年(昭和六一年)七月に再捕獲されて追跡が再開されたが、その年(八月から一一月まで)は堅果植物の不作の影響で行動圏が非常に広く六、一二二ヘクタールにも渡っている。農作年だった次の年には、一年間の行動圏はわずか一、九〇九ヘクタールであった。

つまり、行動する核となる場所は決まっているのだが、その年々の状況にあわせて行動圏の広さを変えているということである。

一九八六年(昭和六一年)のクマの異常な動きについてはまた後に述べるが、この年、どのクマの行動圏も大きくなった。

さて、これまでに追跡した個体の最初の捕獲地点と、数年後に再捕獲された地点の距離を見てみよう。クマが、いかに保守的な動物であるかという目安になろう。

アラレは、最初に捕獲された地点から、六年後に、約一キロ離れた檻で再捕獲された。

アラレP2は、三年後に、約一キロ離れた檻で再捕獲された。

後で述べるカコも、二年後に、約一キロ離れた檻で再捕獲されている。

アキレスは、行動圏は大きかったが結局は捕獲地点周辺を回遊していて、最初に捕獲された地点から、四年後に、五〇〇メートル離れた檻で再捕獲された。

オシンは、三年後に、約一キロ離れた檻で再捕獲された。

レベッカも、三年後に、約三〇〇メートル離れた檻で再捕獲された。

アトラスも、一年後に、約三〇〇メートル離れた檻で再捕獲された。

これらの例は、いずれも、クマは大きくは移動せず、捕獲地点周辺のある一定の範囲を回遊していたことを物語っている。

古来、又鬼たちには、二つのタイプのクマが伝わっている。いくつもの山を渡り歩く「渡りグマ」と、定着して行動する「地グマ」である。

移動距離だけをとってみると、これまでに追跡した個体のうち、ゴンという個体が捕獲地点から二一キロを移動した。これが最大である。

動物小説などに「渡りグマ」が登場するのはロマンチックでよいだろうが、しかしこれは当っていないようである。すでに述べたが、クマは普通の成獣雄の四、〇〇〇ヘクタールを目安として、老若、雌雄《しゆう》で増減する行動圏を持っている。自分の行動圏の範囲内にこだわって生活しているのが実態のようだ。

いわば、クマはすべて保守的な「地グマ」なのだ。いつの間にか森林が伐採され、林道が通っても、彼らは自分の行動圏にこだわって生きている。例えそのために人間とのトラブルが絶えなかったとしてもである。

エイトマンに始まり、三年間に五頭のクマを追跡して、やっと古来から言われてきたことの一部を訂正することができたようだ。

冬の山、植林地内は危険がいっぱい

この年、結局、アラレP2の追跡は不完全なものとなった。私たちはオシンにかけて追跡した。やがて冬になった。

オシンの越冬穴を探すべく、赤倉岳《あかくらだけ》の斜面に取りついた。だが、発見できなかった。

何回も接近を試みた。二キロぐらい離れていると信号音がよく入るのに、近くに行くと入らない。

このことは、オシンが岩穴で越冬していると考えられた。深い岩穴、せまい沢だと、電波は限られた範囲でしか受信できない。地上からの位置の特定は難しいのだ。

クマが、馬場目岳の北東方向に移動してしまった場合と、この越冬穴探しには、どうしても限界があるようだ。新たな方法を検討する必要のあることを痛感した。

結局、オシンの越冬穴は確認できなかった。しかし、越冬中の連続アクトグラムは採取できた。アラレの場合と同じく、気温が高い日は穴の中で体を動かしていることが分かった。二月、三月、四月と、次第に1MP(激しい動き)の比率が多くなり、越冬終了へとつながっていくことが分かった。動きとは、手足を伸ばすとか、体を動かすとかで、穴の外に出て活動したというものではない。ただし、四月近くになり気温が高くなると、越冬穴から出て、ごく近い周辺で脱糞をしたり、採食をしたりするようだ。

ところで、真冬の山にクマの危険はないと思うのは大変な間違いだ。かつて営林署から、クマの真冬の生態と被害防止法の問い合わせを受けた。真冬、山林作業者がクマに襲われ、負傷する人が結構いるというのである。

すでに述べたように、クマは、天然木の伐根、倒木で越冬する例が非常に多い。それは天然林内、植林地内のいずれにもある。

天然林内だと、木の異常なふくらみや入口が見えやすいため、作業員も警戒するだろうが、植林地内だと、密生した植林とブッシュに視野が阻害されて、突然越冬木に接触する危険性がある。冬の植林地は非常に危険だ。

私たちが越冬穴調査をした際に、そのような危険が何度もあった。例えば、植林地内でカコという個体を追っていた時、調査員が二〇分間にわたってカコの越冬している伐根の上に乗り、その上から、周囲を観察していたことがあった。伐根が雪におおわれていて、危険を感じなかったのだ。また、ゴンやオシンの場合、追跡していたら突然越冬している倒木の前に出て、緊張したこともある。

また、一九八九年(平成元年)二月一〇日、私は一人で密生したスギの植林地に入った。突然、雄のアトラスに攻撃された。この時は、クマ防御スプレーでかろうじて制圧して、事なきを得た。

同じ年の二月一九日、私と小島さんは、再捕獲、再追跡されていたアラレに攻撃された。この時もクマ防御スプレーを使用して、かろうじて逃げることができた。

真冬でも、クマは完全には眠っていない。もっとも、後の二例の場合は、この年、大暖冬で気温が高かったせいもあって、それがクマの越冬に影響を与えていたようである。

冬には、決して一人で植林地に入ってはいけない。冬期の伐採作業中に、越冬中のクマの存在に気づかず、接近して襲われた例がある。真冬の一月、二月でも、暖かい日にはかなり覚醒している。そのため若令植林地での除伐、下刈り、枝払いなどの作業は、十分注意を必要とする。植林地内では、周囲のササや木の枝が折られているとき、とりわけヒノキやスギなどの針葉樹の木の枝が折られているとき、また、周囲にある木の皮が剝がされているときなどは、特別な注意が必要である。

さて、残念なことに、オシンやアラレP2の越冬穴を確認することなく、三月、秋田県が実施した三年間の調査は終わった。実りの多い半面、反省点も多かった。苦労はしたが、嬉しくも楽しい三年間だった。

クマは黎明薄暮型の生活をする

この頃、東京農工大学、石川県白山自然保護センター、静岡県林業試験場でも同様の方法でクマの追跡を始めていたことを後で知った。

情報を突き合わせて驚いた。調査結果が、同じ方向性を持っていたのだ。同じツキノワグマであれば当然だと言えるが、胸が踊った。

一、クマは、黎明薄暮型の活動をする。

二、行動圏には、活動の中心地(コアエリア)と、単に移動に利用するルート(コリダー＝回廊《かいろう》)がある。

三、個体間どうし行動圏の重複がはなはだしくて、テリトリーは存在しない。

この三点が分かっただけでも、クマ研究の大きな一歩だと思う。「クマは黎明薄暮型の活動をする」という事実は、アクトグラム法によって得られたものだ。これまでの追跡から、夏期は午前六時頃と午後四時頃に活動のピークが見られた。

しかしその後、一九八六年(昭和六一年)の多頭数による大量アクトグラム採取の結果、午前六時と午後六時前後に大きな活動のピークがあり、午後一時頃に小さなピークのあることが分かった。いずれの結果も、夜間(とくに深夜)はよく休んでいた。これによって「クマは夜行性である」という神話は消えた。

「クマの行動圏には、活動の中心地と、単に移動に利用するルートがある」ということからは、クマは、ある場所、ある地域に集中して長時間滞在し、移動に利用するルートを短時間に移動して、再び滞在を繰り返すという行動が見えてくる。これと似た行動は後にかかわったヒグマのテレメトリー調査でも見られた。

ある場所、ある地域とは、クマにとって餌のある場所である。好きな餌がある場所に、その餌がなくなるまで居着くというクマの習性とよく一致している。

単に移動に利用するルートとは、尾根の鞍部とか、崖地、崩壊地、天然スギ林、その時期に餌のない場所などである。クマにとって安全で、移動に楽なルートのことだ。

クマは、移動ルート(回廊)を通り、その時期、餌のある「ある場所、ある地域」へと渡り歩くことを周年繰り返しているのである。だから、その時期に、クマの活動が集中する〝ある地域〟へ入り込まないことがクマ被害予防の第一歩だ。しかし人間は、山菜だキノコだと、どうしてもクマと競合する。せめて彼らと突然出くわさないようにすることが、山の王者への礼儀だろう。

「個体間どうし行動圏の重複がはなはだしくて、テリトリーは存在しない」ということについては、当時、多頭数の追跡が十分でなく、その傾向が見られたということである。後年、私たちが一九八六年(昭和六一年)から追跡した例では、七月には七頭が、八月には八頭が、はなはだしく重複して行動していた。その重複加減は、彼らの移動能力から言って「雑居」と言えるほどであった。

さて、クマのおおよその姿は見えてきた。しかし、まだ不十分である。それは、一言で言えば、まだ彼らとは「薄いかかわり」しか持てていなかったからだ。もっと「濃密なかかわり」を持って観察してみたい。

◀ツキノワグマの糞。
クマはふつう単一食を行なうので
糞は均一で美しい。
リンゴを食べたものは
ジャムのように香ばしい。
左は七月頃の糞。
クワの実とモミジイチゴが
入っている。

◀九月頃の糞。
クリやドングリが
均一に練り上っている。
色、ひねりぐあい、太さ、
どれをとっても
人間のものと実によく似ている。
ドングリ類が不作の年
イネのモミが入った糞もあった。

◀北海道のヒグマの糞。
夏期のもので
繊維質が非常に多い。

まだまだ分からないことが多過ぎる。もっと多くの個体を、長期間に渡って追跡する必要がありそうだ。しかも、もっと精密に。理想的には毎日記録できるくらいに「濃密なかかわり」を持って追跡してみたいものである。

捕獲と追跡の新しい試み

一九八五年(昭和六〇年)、環境庁は「人間活動との共存を目指した野生鳥獣の保護管理に関する研究」というテーマで、五年間にわたる調査を行なうことを決めた。副題には「絶滅の恐れのある大型野生動物の動態研究」とある。

各地で大型の野生動物が絶滅に向かっているため、それを守る方策を探ろうという研究である。クマでいえば、九州はすでに絶滅していると信じられていたし、中国地方、四国、紀伊半島、下北半島などでも、いまや絶滅の恐れが十分にあるのだ。大型のため狩猟圧がかかりやすい北海道のヒグマもそうである。

クマの実態を把握しようということで、まず、調査実績のある秋田県と、まだ本格的にテレメトリー追跡調査が行なわれていない北海道が、今回のテレメトリー調査地域の対象として選ばれた。

しかし、秋田県庁としてはこの調査を受けることができず、諸般の事情から私個人として請負うことになってしまった。通常の行政業務と両立できるか不安であった。しかし私には支援してくれる多くの仲間があった。躊躇《ちゅうちょ》はなかった。全力を尽くすしかないだろう。

これまでの体験から、おおよその見通しは立つ。しかし、あらためて文献に当り、新しいアイデアを練った。最も問題の多い捕獲に関しては、餌の改良と捕獲方法の再検討に入った。檻は田中式捕獲檻と呼ばれる一般的な檻を用いたのだが、これは高価でそろえるのに苦労した。

余談になるが、一九八七年(昭和六二年)に北大のヒグマ研究グループと秋田クマ研が共同で実施したヒグマテレメトリー調査では、ヒグマの捕獲に、北大のヒグマ研究グループが考案したドラムカン檻を用い、五頭のヒグマを捕獲することに成功した。この方法を、この時から使用すればよかったと悔やまれる。ドラムカンで捕獲できるはずがないと考えていたのだ。

ヒグマの時は、自らも溶接してドラムカン檻を作ったのだが、きわめて安価に、きわめて効率よくクマが入ってくれた。これが普及してヒグマの生息に影響が出なければと念じている。

実際、田中式捕獲檻が考案された静岡県水窪《みさくぼ》町の近隣市町村ではクマがほとんど絶滅し、この檻が普及した静岡県では、生息数が(射殺や檻による捕獲数も)激減したのだ。

檻やワナが狩猟や〝有害鳥獣駆除〟に使用されると、生息数に重大な影響を及ぼす。それは、銃器による駆除は出動した回数だけの圧力だが、檻やワナは、長期間、捕獲されるまで設置されることになるからである。捕獲努力量は、銃器に比べて比較にならないほど低い。

さて、捕獲地点を再検討した結果、時期により異なるが、どうも沢の合流点が最も信頼性があるようだ。

調査員についてはこれまでのメンバーの他に、大学の掲示板に「来たれ！ 君に汗と薄給と名誉を与えよう」なる広告を出し、新たに八名の屈強なる若者が参加してくれることになった。

ハイライトはセスナ機による追跡を取り入れたことである。これまでの人力による追跡には、どうしても限度があった。そのことを悟った私は、航空機の力を導入しようと決心した。セスナ機の両翼端に指向性のある八木式三エレメントアンテナを取り付けるのだから、改造には航空法をクリヤーする必要がある。ほぼ各年一八〇万円の予算だが、この年、このセスナ機の改造に八〇万円を投資した。

この実験は、最高にうまくいき、結果的に、この投資は大成功だった。クマの首輪が電波を出し続けてさえいれば、必ず追跡できることが分かった。テストの結果、半径五〇メートル以内に目標物を特定できた。これにより私は次の年度からの追跡が成功すると確信した。

もう一つ、新しい方法を導入し省力化を図った。檻にクマが入ると、ただちに知らせてくれる装置を取り付けたのだ。装置は単純で、カモシカに使っていた五〇メガヘルツの発信機を利用したものだ。クマが入ると入口が落ち、電源の線が切れて、連続発信音が途絶えることによって、捕獲が分かるというものである。太平山系の調査フィールドは、馬蹄形の尾根に囲まれて盆地状になっている。その中にある私の山小屋で、瞬時にして捕獲を知ることができるようになった。

この方法はヒグマでも踏襲《とうしゅう》されたが、これによって危険な檻の見回りが不要となった。捕獲と同時にただちに対応できるため、クマの消耗を防ぎ、また捕獲を知らずにいたためにクマの「干物」ができ上がるという恐れもなくなった。

翌、一九八六年(昭和六一年)の四月下旬には、一五個の檻全部のセットを完了し、クマが入ってくれるのを待った。

ないように思えた。

クマはタケノコが大好きである

五月も過ぎようとしていた。しかし、なかなか捕まらなかった。モニターが異常を知らせることが六月までに一〇回もあったが、多くは扉の自然落下とか発信機のバッテリー切れで、システムに問題はないように思えた。

六月五日。馬場目岳の中腹に設置した檻からの発信音が入らない。翌朝、馬場目岳に向かった。つづら折りの登山道を登って行くと、途中、何人かのタケノコ採りの人に出会った。

「そうか、タケノコ採りの季節なんだ……」

タケノコは、この季節、クマの大好物である。

かつて一九七九年(昭和五四年)の六月に、秋田県で死亡した女性もタケノコ採りをしていて襲われた。お互いに夢中になっているとき接触し、避ける間もなかったのだろう。クマは、とりわけ食本能に目覚めているとき(要するに食べているとき)に接触すると、大きな事故につながると言われている。この広いササ原には、沢山のクマが集まって来ているはずである。しかし、皆そんなことを知ってか知らずか、タケノコ採りに夢中になっている。

檻には、チビグマが、いじけたように呆然と立ちつくして入っていた。檻の中には、このチビグマがかき入れた木クズや土が山と盛り上がって、檻の高さの四分の一ほども占めていた。もう三日もしたら、自分の居場所がなくなるほどかき入れただろうか。

それにしてもこのチビグマは、自分の身に何が起きたのかも分からないようで、「なぜ人間がそばにいるんだろう……」とでも言いたげだった。終始こちらに背を向けて、我々が視野に入らなければ見たことにはならないとでも思っているらしい。

人間でも何かバツの悪いことがあると、しばしば関係のない動作をすることがあるが、そのような「転移《てんい》行動」なのだろうか。

麻酔をすると、このチビグマは体を丸めて寝入ってしまった。体毛は少々ばさばさしていて艶《つや》がないが、実によく肥っている。それに、耳の縁にダニが少ない。ダニは、弱っている動物にほど沢山寄生している。それがダニのダニたる所以《ゆえん》だ。このチビグマが元気のよい証拠である。タケノコの養分が体中びっしりとつまっているのかもしれない。

計測して首輪を装着し、放獣にかかった。計測部位は、頭胴長や頭長など二〇個所ほどである。頭胴長一一四センチメートル、体重四六キロ、年齢は三才と推定された。

馬場目岳で捕獲されたためババメコと名づける。語呂《ごろ》は悪いし、ギリシャ神話の神々の名前で統一しようと思っていたのだが……。

この若い雌のババメコは、六〜七月、この一〇〇ヘクタールほどのササ原から動こうとしなかった。密生したササ原をがさごそと歩き回っていた。それほどタケノコが好きなのだろう。六〇日間もタケノコを食べ続けた。

ババメコは一〇月に捕獲地点から最大九キロ移動した。それが最大で、その後の五年間の行動圏も約一、〇〇〇ヘクタール以内に収まった。

クマはどれくらい利口な動物か

ババメコが捕まってからしばらく、捕獲の音沙汰はなかった。しかし、六月から七月にかけて立て続けに三回、いったん檻に入ったクマに逃げられるという事態があった。これまでになかった経験である。

一度目は、入口の扉のストッパーのセットを忘れて逃げられたもので、これは単純な人為的なミスだ。二度目の場合は驚いた。満身の力でこじ開けたらしく、ストッパーがねじ切れ、扉は八メートルも投げ飛ばされていた。あらためてクマの恐怖を思ったものだ。三度目の場合は、檻の形がいびつで扉が十分に閉まらなかったためである。

七月四日、ようやく大きなクマが捕獲された。見に行った平井君はあまりの巨大さに肝《きも》をつぶし、転げるように逃げ帰った。

このクマは、八月には二一キロも移動し、びっくりした。また翌年四月には、私と館山君、それにアメリカ人のテリーを襲い、国際的な恥をさらしてくれた。

この年初めての本格的なクマということで、皆、勇み立った。

「ガッフーン」

檻に着くと、クマは猛然と攻撃して来た。檻は衝撃にきしみ、今にも解体しそうである。皆、声もなかった。吠え声は腹に響き、爪の光はカミソリの刃を思わせた。

しかし、麻酔が効くと、さすがにこの黒い怪物もただの肉塊と化してしまった。先ほどまで怖がっていた連中が、今は好き勝手にあちこちをさすり、口を開けては覗き込み「歯が黄ばんでいる！」などと言っている。

頭胴長一三四センチメートル、体重八六キロの堂々たる雄だった。力強い様子からゴンと名づけた。またしても命名の原則に外れてしまった。

七月一〇日にはチコとイルカが捕獲された。いずれも雌だ。

ところで、私は、秋田県庁の自然保護課で鳥獣保護を担当していて、鳥獣行政の中では最も重要な「第五次鳥獣保護事業計画」の作成にあたっていた。これは五年分の仕事を前もって計画するもので、かなりの事務量である。この仕事は九月から本格的になる予定であった。それ以外の通常の仕事もある。どうも、クマと両立できそうにない徴候が見え始めた。

七月一三日、ココ捕まる。

五頭目である。疲労と嬉しい悲鳴が入り混じった。体重が三四キロの雌のココは、この年、クマたちが直面した飢餓《きが》と大量射殺の象徴的な存在として、悲劇的な運命を背負わされることになるのだが、この時はまだ知るよしもない。

七月一九日、イルカが再び檻に入った。イルカはその後、四個所の檻に五回も入るという変わり者だ。

いったい、クマには知恵というものがあるのだろうか。細村君に言わせると、イルカは逆に学習したのだという。つまり、ちょっとだけ痛い思いをすれば、またハチミツが舐められる。つまり、また逃げられるということが分かっているのだという。その真偽は定かでないが、クマの行動パターンは画一的で、トリックによくひっかかる。

ヒグマとツキノワグマとでは、どちらが利口かと問われることがあるが、後年ヒグマの調査にたずさわった経験から言えば、それは、ツキノワグマの方だと思う。あくまでも私たちの調査経験上からのことであるが、ツキノワグマは臆病であるという性質も手伝って、接触しにくい。より本能的で行動の巾が狭い動物ほど、捕獲や撮影のトリックにかかりやすい。

その点で、ヒグマは実に扱いやすい動物だ。しかし、恐怖という点ではツキノワグマの一〇倍だ。

不自然なクマの動き

七月二六日、オシン捕まる。三年前の八月に放獣したオシンである。体重が当時の四六キロから七五キロに増えていて、たくましい雌グマになっていた。

ここまで、放獣したクマの追跡は、すべて順調にいっている。もう、複数の追跡もそれほど困難でなくなっていた。

すでに交尾期なのだろうか、ゴン、イルカ、チコが同じ地域で行動している。八月三日、またまたイルカが檻に入る。馬鹿なやつだ。八月八日には、大きな雌グマのナウシカ捕まる。

七月二七日、八月六日、八月一二日と相次いで檻が倒され、餌が取られた。

何か変だ。イルカが何回も檻に入るのも不自然だし、ココが平地に移動して来ているのも気にかかる。これまで、こんなに檻が荒らされたこともなかった。もしかして、自然の餌に何か異変でもあるのではないか。

八月一二日の場合は、鉄杭が簡単に引き抜かれ、檻が倒されていた。八月六日の場合はもっと衝撃的だった。檻が倒された上、三メートルも引きずられ、中は無残に荒らされていた。

私は困惑した。なぜこうもクマたちが荒れ狂っているのだろう。これまでになかったことだ。周囲の木をなぎ倒し、檻の中を徹底的にかき回した様子から、凄まじく大きいクマだと察しはついた。一〇〇キロでも二〇〇キロのクマでもよい、いずれは捕まえて首輪をプレゼントしてやろう。

八月上旬、ココがますます平地に近づく。ゴンを見失い、八月一〇日にセスナロケーションを行なった。この追跡方法はやはり効果絶大であった。

セスナロケーションの結果、ゴンを除く六頭はすぐに発見できた。しかし、ゴンだけは太平山周辺に見つからない。捕獲地点から五キロ離れた。一五キロ。クマはこんなに移動するものだろうか。二〇キロ離れた。

とうとう弱い信号をとらえた。私は自分の目と耳を疑った。ゴンは捕獲地点から二一キロも離れた五城目《ごじょうめ》町の市街地近くにいた。ゴンから一〇〇メートルの所に中学校があり、生徒たちがグラウンドで野球をしている。何事もなければよいのだが。

ゴンは、なぜこんなに移動したのだろう。太平山周辺に餌が不足しているとでもいうのだろうか。それとも、もともと五城目町のクマだったのか。しかし彼は、冬、捕獲地点に戻り越冬したことから、やはり太平山に籍を置くクマなのだ。

八月一一日、アキレス再捕獲。四年ぶりの再会だった。どうも、このアキレスがあちこちの檻を倒し、餌を奪っていたようである。再会の感慨もよそに、アキレスは、凄まじいばかりに顔をひきつらせ、アタックして来た。檻は歪《ゆが》み、きしんだ。細村君が水を汲んできてアキレスにかけた。

アキレスの体重は、当時の六〇キロから一一二キロにも増えていた。脂肪で皮膚がたるんでいる。山でクマの餌が不足しているなんてとても思えない。

首輪を取り変えて放獣。この頃には、発信機の電源にリチュウム電池を用いるようになり、アキレス用の首輪もかつての一・三六キロから〇・五六キロへと小型化されていた。バッテリーの寿命も当時の一年から二〜三倍に伸びていた。

クマとの戦争が始まった

八月中旬になり、クマをめぐる環境が一変してきた。新聞には「クマの異常な出没」という見出しが見え始めた。その原因として、餌不足説が上げられていた。

八月一四日から二二日にかけて、イルカとナウシカが二度ずつ相次いで檻に入る。それほど、この捕獲用の餌に引かれるというのか。それとも、やはり本当に自然の餌が不足しているのだろうか。私は判断に迷った。

八月一九日、籠《かご》沢の檻で、これまた大きなクマが捕まり、カコと名づけられた。さらに三個所の檻が、次々と破られ、逃げられた。

この頃になると、私には役所の仕事との両立が、すでに不可能になっていた。もう私の体力も限界である。いつのまにかクマの調査を継続することが私に与えられた運命ではないかと思うようになっていた。私にしかできない、というのではない。やり出したことは最後までやらなければならない、との思いが強かった。全国のクマ研究者が厳しい目で見ているはずである。こんなにクマが捕まるということは、天が私に「続けよ！」と啓示しているのかもしれない。これまで、日光では五年間に一一頭を、白山では六頭を捕獲している。それほどクマの捕獲は難しいのだ。

県庁を辞することは、家族のある私としては辛い。すんなりと行くはずもないが「やりとげねば」という気力だけが先立っていた。幸い家内は学校の教員である。理解は示さずとも私が負担をかけさえしなければ子供たちが路頭に迷うことはあるまい。「妻よ、私のわがままを許してくれ……」

八月三一日、私は一三年半勤めた県庁を辞した。

九月。秋田市周辺はクマと人間との「戦争」の様相を呈してきた。連日、クマが射殺され、その数はウナギ登りに上がっていった。〃有害駆除〃による射殺数（役所用語では捕獲数）の推移は次のようになっている。この年、すなわち一九八六年（昭和六一年）に、いかに多くのクマが射殺されたか、お分かりいただけることと思う。この年、最終的には四一五頭が射殺された。

月／年度	一九八五年	一九八六年	一九八七年	一九八八年	一九八九年
四月	68	63	26	38	35
五月	19	34	20	26	20

六月	1	4	3		
七月	1	8	1	1	2
八月	4	12	5	5	4
九月	3	98	3	10	4
十月	4	164		30	15
十一月	2	10		3	1
十二月					5
一月					
二月		1	1		
三月		6	5		
合計	102	400	64	113	86
狩猟によるもの	81	15	52	17	37
総計	183	415	116	130	123

四一五頭のクマを射殺

八月三〇日、とうとう今年私たちが捕獲したクマの合計が一〇頭の大台に乗った。

ホンコンと名づけた雌グマは泌乳《ひっにゅう》していた。幼体を連れていると思われたが、付近を探しても見当らなかった。ホンコンは非常に麻酔が効きやすい体質で、通常の三分の一で効き、一時、呼吸不全におちいった。平井君がマウス・トゥ・マウス法で対処し、事なきを得た。

同日、ホンコンを処理している最中に、別動隊が仁別沢の檻にクマが入っていると無線で報告してきた。これも大きな雌で、レベッカと名づけた。

九月一日。さらに二頭のクマが捕まった。県庁を辞した日だ。どうするのだ、こんなにいっぱい。私を慰めるための天からの贈り物か。檻を破り逃げたものもいるから、その補修の労力も大変だ。館山君、上田君、平井君、細村君、小島さん、本当によく頑張ってくれた。報酬もなく昼飯だけだというのに、辛い仕事ばかりさせた。心からありがとうを言っておきたい。

一頭目を処理するために、旭又沢《あさひまた》の檻に行く。近づくと、天からクマの鳴き声が降って来た。飛び上がってのけぞると、ウワミズザクラの木の上に、可愛い二頭の子グマが登って赤い実を食べていた。子グマは七〜八キロだろうか、枝を登り降りして「クエッ、クエッ」とつまった声で鳴いていた。檻にはこの子たちの母親が入っていた。

檻のまわりには、ウワミズザクラの赤い実を無数にちりばめた子グマたちの糞が、沢山散らばっていた。鉄格子をへだてて、手をさしのべあったのだろうか。とらわれの母親をいつまでも待ち続ける姿に、思わず胸が痛んだ。

私には子グマをこのまま放してやりたい気持ちがあった。一方で、子グマに小さな目印をつけ、その後の親子関係を追跡してみたいという願望もあった。私は、子グマを捕まえようと試みた。が、結構すばしっこくて、捕まらない。追い回すと、母グマがたけり狂い威《い》嚇《かく》してきた。結局、幸いなことに子グマは私に捕まらずにすんだ。この母グマにはアツコと名づけた。

二頭目の檻には、首輪をつけたクマが入っていた。三年前の八月に放獣したアラレP2であった。彼女は脱水症状で消耗しているようだ。

檻のまわりには、キイロスズメバチが飛びかっていた。繁殖期のこの時期、クマよりも格段に危険だ。雨の中、緊張しながら首輪を取り変えていると、スズメバチが攻撃してきた。スズメバチは、黒い部分を攻撃する習性がある。私の髪の毛と瞳を狙ってホバリングをしている。ハチ毒(特にスズメバチ類のもの)は以前に刺された経験があると、二度目以降には症状が重くなる。

クマの捕獲にハチミツを使う必要上、ハチ対策として、私は常に抗ヒスタミンと副腎皮質ホルモンの配合された軟膏と錠剤を携行している。アメリカには「エピネフィリン」というハチ毒の特効薬があるが、しかし医師法の関係で日本では医師以外に使用できない。ちなみに山林労働者は、緊急時、これの自己注射を大変に望んでいる。

ここまで、今年捕獲したクマは一三頭。クマの世界は、いったいどうなっているのだろう。

九月の半ば、太平山周辺の市町村は、ほとんどパニック状態ともいえた。マスコミは、連日ヒステリックに報道を繰り返し、ますます住民の不安をかき立てることになった。行政は、射殺以外に即効性のある対応策を持っているわけではない。しかし、この年、最終的には翌年の三月三一日までに四一五頭という射殺は、いかにも衝撃的である。

後日、私たちの活動がNHK特集で放映されると、新聞に多くの投書が載り、環境庁や県庁に電話

▲▼四月。
越冬穴を出たクマは
毛についた水分を振り切ると
穴の周囲のオオバクロモジ、
オオカメノキ、
ミヤマカンスゲなどの
新芽や葉を食べ、
その後、
傾斜したブナの木に抱きつき
首や体を木にこすりつけ、
さらに五メートルほど登り
ブナの新芽を五分間にわたって
採食した。
その間、約四〇分。
その後、クマは、ゆうゆうと
自然に旅立って行った。
（一九八九年のアラレＰ２）

が相次いだ。この射殺の実態は、多くの人にかなりのショックを与えたようだ。私のところへも、子供たちから痛々しい思いの手紙が届いた。

その頃、私のところに匿名で「お前の放しているクマを射殺させろ」とか「位置を教えろ」といった冷静とは思えない電話がかなりあり、私はそういった人間とも戦わなければならなかった。マスコミからは、しばしばクマの異常な出没についてのコメントを求められた。

クマはなぜ異常に出没したか

実のところ、私もこの異常な出没の理由について、何らかの確信を持っていたわけではなかった。クマに限らず動物は、ふつう、餌の多寡《たか》と繁殖のために移動する。今回の場合は、八月下旬からその傾向が現われ、九月になってはっきりしてきたことから、前者の影響によるようだ。

秋の堅果類の豊凶は、直接、クマの行動に影響を与える。ミズナラ、コナラなどのドングリ類やクリ、ブナなどに代表される堅果類は、越冬と繁殖に必要な皮下脂肪の形成に最も重要な役割を果すからだ。

日光でも白山でもしかり、どの報告書でもドングリ類はクマの繁殖の「キーワード」となっているのだ。それゆえ、異常出没の原因について、一般論としてドングリ類やブナの結実不良が上げられていた。確かに、この年、ドングリ類は未曾有《みぞう》の不作だった。わずかに平年作だったクリにクマが群がったのが特徴といえる。

私は最初、この一般論に疑問を持っていた。なぜならドングリ類が完熟するのは九月下旬で、利用するのはその頃からだと思っていたからだ。異常出没の傾向は八月下旬からである。ゴンにいたっては八月一〇日にすでに二一キロも移動している。だから時期的につじつまが合わないと思っていた。思い悩んだあげく、夏の草本類食から秋の堅果類食へと移行するさいに利用する「つなぎ食物」として、里山に多い蔓性植物の利用説に行き当った。蔓性のエビヅル、ヤマブドウ、マタタビ、サルナシ、アケビ、クマヤナギ、カラスウリ、バラ、ツルウメモドキなどである。これらは、里のどこにでもある。

八月下旬まで草本類食をしていて、九月に入り里近くでこれらの蔓性植物を求めるうちに、九月下旬、ドングリ類の不作がはっきりした。そのため、山に帰ることができず、里にわずかにあった栽培クリを含む野生のクリへと群らがったのではないかと考えたのだ。

他の研究でも、蔓性植物の利用を報告しているものがある。私にはこの説が最も合理的なように思えた。ほぼ一年間ほど、この説にこだわり続けた。

ところが、翌一九八七年(昭和六二年)の八月上旬、大雨の後、登山道を歩いていて衝撃を受けた。登山道の一面に、昨夜の風雨で落ちた未熟のドングリがびっしりと敷きつめられていた。そして、このドングリは、未熟とはいえ、十分に利用できるほどに成長していたのだ。私は、はっきりと自分の間違いを悟った。

ソビエトのクマ研究者、ブロムレーの『ヒグマとツキノワグマ』には、七月から未熟の堅果を利用していることが述べられている。

そういえば、思い当る。八月下旬から九月上旬にかけて、ココが完熟していないオニグルミの沢に居着き、地元の人たちに目撃されている。この沢には、ココの他に三頭のクマが居着き、そのうち二頭が射殺された。

クマたちは、この年、七月、八月にはもう堅果類の不作を敏感に感じ取っていたのである。そして九月、里に降り、クリや果樹に群らがって射殺されていったのだ。

さらに同書には、七月、八月の時期は堅果類の未熟果の利用頻度は一〇%未満(体積的、重量的にはごく微量)であるとの記述もある。

それが確かなら、クマたちは七月、八月に得たこのごく小量の未熟果から、その年の秋の豊凶を判断し、移動したということになる。大変な予知能力である。

わずか一〇%に当る部分の不作が、彼らにとって、生命繁殖のうえで最も基本的な部分の欠落であったのだ。かつて一九七九年(昭和五四年)の異常出没も、おそらく同じ理由からであったろう。とすれば、このような事態は、将来、必ず再現されることになる。

檻にはまず母グマが入ってみる

さて九月からは、私たちの捕獲の傾向も違ってきた。一四頭目のリンゴロウは果樹園近くで捕獲された。若い雄のリンゴロウはわずかばかりのリンゴの餌に誘われて檻に入ったのであった。

一〇月になるとクマと人間との関係を象徴するような出来事にぶつかった。一五頭目が果樹園近くで捕獲されたときのことである。私たちは、住民の目を気にして、朝三時に起き出して放獣にかかった。

檻に行くと、近くの林の中で二頭の子グマが走り回り母親を慕って「ウエーウ、ウエー」と悲しそうに鳴いていた。母親も、か細い引きずるような声で「ウーフッ、ウーフッ」とうめいている。檻の狭い隙間から手を伸ばし、我が子を呼び込もうとしていた。

この母グマは大グマなのに、さして私たちを威嚇しない。動きも緩慢《かんまん》だった。不思議に思いながら麻酔をかけて驚いた。右胸が、大きくはじけ、肋骨《ろっこつ》が露出している。そのような傷跡が二個所もあった。

一個所は、撃たれた後しばらくたっているのだろう、半分ほど癒《い》えて大きく盛り上がっていた。もう一個所は、めくれた大きな傷口に泥が付着し、傷口からは膿《うみ》と血がしたたっていた。日をおいて二回も撃たれていたのである。この苦しみで、彼女は十分に動けなかったのだ。そして、危険をもかえりみないでリンゴ園に近づいたのだろう。子を連れた母グマだけに、その様子は哀れであった。体内には、まだ鉛の弾丸が入っているようである。おそらく長くは持ちそうにない。

可哀想で、やりきれなかった。これ以上彼女には負担をかけられず、首輪をつけず抗生物質を打って放してやった。あの母子グマは、無事に冬を越しただろうか。

一六頭目も、また銃傷を負った母子グマだった。やるせなくも悲しい月だった。

一一月二日には赤倉岳の檻に、まだ当才子の子グマが入っていた。一七頭目である。もう初雪を見ており、越冬のため山中に戻ったところを捕まったものらしい。

私たちは緊張した。母グマが怒り狂って私たちを攻撃して来るはずだ。北海道でこのような例があって、接近者が死亡している。しかし、母グマは見当らなかった。母グマにはぐれたのだろうか。あるいは、射殺されてしまったのかもしれない。雪の中で寒さに震えている子グマは、今年の異常を象徴している。

これまで、私たちの調査で、絶対に子グマだけが入っていることはなかった。それは、まず母グマが、安全を確かめてから、檻の餌に接近するからである。それがクマの母親の愛である。

一八頭目は、一一月一二日に捕まった。みぞれが降りしきる寒い中、足取り重く大荒沢《おおあら》の檻に向かった。この年最後の捕獲だった。

ゴンと同じくらい大きなクマだった。ドングリなどの堅果類が不作であったにもかかわらず、一八頭目のクマ、ケンサクは、丸々と肥えていた。みぞれの降る冬までに捕まえたクマが実に何と一八頭にもなった。

この調査は、捕獲数を誇るものではない。しかし、この他に逃げたものが一二頭もいたし、何度も檻に入ったものがいたから、その対応に、皆、よく頑張ってくれたものである。多数のクマに出会えたことによって、多くの新しい事実を私たちは知り得たのであった。

やるせない出来事

悲しい出来事もあった。ココとアキレスが相次いで射殺されたのだ。

ココの射殺された瞬間は、無人の小屋で、アクトグラムに記録されている。ココは私に会いに来たのだと言ったら感傷に過ぎるだろうか。私の山小屋からわずか二〇〇メートル足らずの所で射殺されてしまったのだ。

アクトグラムを読んでいくと、悲しくも、やるせない情景が浮かぶ。アクトグラムの激しく乱れた赤い曲線は、ココの生きようと必死にもがいているさまを写し取っていた。

九月三〇日、前夜から休むことなく食べ物を探し歩いていたココは、夜明け前に、わずかにまどろみ、また歩き出した。ココは、私の山小屋近くにクリの木を見つけ、よじ登り、わずかにあったクリの実を貪るように食べていた。アクトグラムには、朝五時頃から激しいピークが幾度も記録されていて、ココが木に登ったことが分かる。

朝六時頃、小雨にけぶる中を、クリ林に忍び寄る一団があった。クリの枝を折る音に、一団は獲物の臭いをかぎとり、銃をかまえ、足音を殺し、這うように接近して行く。

ココは、あまりにも若すぎた。食べることに夢中で、警戒を怠った。

「ズッカーン、ズッカーン」

銃声が朝もやに轟いた。六時二五分、三四キロの小さな乙女の体内に、強烈すぎる弾丸が幾数条も貫いた。ココはクリの木から真っ逆さまに地面に落ちた。二分ほど、もがき、苦しみ、絶命した。

その瞬間、アクトグラムは、自らの生命をも絶たれたかのように、赤い曲線を急激に落とし込み、ゆるやかになった。

しかし、アクトグラムには、まだこの先が記録されていた。一団は、射殺した後、ココを引きずり、広場に運んだ。そして軽々とココを持ち上げ、誇らしげに記念写真を撮った。やがて、こぼれ落ちる笑いとともに解体を始めた。

ココが射殺されて間もなく、今度はアキレスが射殺された。四年前、まったく里に近寄るクマではなかった。推定年令一二才、人で言えば壮年である。ここまで生き伸びてきて、人間の怖さをよく知っていたはずである。そのアキレスが、人家の庭のクリの木の上で射殺された。アキレスは、車の多い県道を横切り、住民に目撃されながらも、たわわに実った庭の栽培クリの木に固執した。

家々には「クマが行ったぞ」という連絡が電話で回っていた。その中を、まっすぐにクリの木に向かったのだ。もう、アキレスには栽培されたものかどうかの判断もできないほど、彼の本能は犯されていたのだろうか。大グマのアキレスを、山の痩せたクリは、もう養ってくれなかった。アキレスの枝を折る音が、部落中を恐怖につつんだ。銃声が轟き、アキレスの巨体は地響きを立てて落ちた。

アキレスは、この年射殺された四一五頭のクマの中で最大のものだった。

不思議なクマの繁殖生理

一一月中旬、ケンサクを最後にこの年の捕獲は途絶えた。しかし、調査は終わったわけではない。さらに難しい仕事が待ち受けている。

無粋にも、越冬中のクマの寝姿を覗こうというのである。安眠を妨害する気はないが、クマは越冬中に出産するということを、事実として確認したかった。

現在まで、野生のクマの雄と雌が、どのように出会い、どのように「つがう」のか、まったく分かっていない。さらに、どのように出産に至るのか、それも誰も観察したことがない。

今年こそ、まだ誰も観察したことのない野生グマの「出産シーン」を見たかった。

クマの受胎の機構は、他の動物とかなり異なっている。クマは、七月頃交尾し、翌年の二月頃に出産するのだが、毎年一一月、一二月の狩猟期に射殺される雌グマに、胎児が発見されることがないのである。以前は、精子が雌の体内に一時蓄えられていて、越冬する段階で受精すると考えられていた。

しかし近年、北大獣医学部などによって、その実態が解明された。その内容は驚くべきもので、クマの保護、ひいては自然保護の指針の根幹にふれるような問題であった。

『受精はすぐ行なわれるが、受精卵はしばらく子宮内を浮遊していてすぐには成長せず、母体の栄養状態により、越冬段階で受精卵が子宮内膜に着床し、成長する』

いわゆる『着床遅延《ちゃくしょうちえん》』と呼ばれるこの内容は、驚くべき事実だ。もし餌の不足などがあって栄養状態が悪ければ、受精卵は吸収され、成長しないのである。少し話を広げると、伐採や森林破壊が進んで餌が少なくなると、それに比例して繁殖率も落ちる、ということになる。「クマを語る前に森を語る」という思想がなければ、クマは守れそうにないようだ。

凶作の今年の秋を乗り切ったナウシカやオシンは大丈夫だったろうか。そういうことも、この目で確かめてみたかった。

クマの出産は、ほぼ流産に近い、未熟児出産のような形で行なわれ、その後、急激に成長するのが特徴である。餌の少ない冬期には越冬し、その越冬中に出産をし、そして餌の豊富になる春に越冬を終了するという最も効率の良い方法をクマは取っているのである。

なんとも神秘的な生理を持っているものだと感心する。それにしても、この「着床遅延」というメカニズムからしてかなり不可思議だが、「冬ごもり」という生態も摩訶《まか》不思議だ。ほぼ五ヶ月間も眠り続けるのだから、排便、排尿はどうするのだろう。便泌になるだろうし、尿毒症にもなるだろう。それがならない。五ヶ月間も寝て暮らし、まどろみながら出産するという物臭《ものぐさ》根性も不思議だ。

どうしても、これを一度は見なければならない。この年、一八頭を捕獲し、そのうち一五頭を追跡したからには、最後まで見届ける義務がある。冬ごもりを絶対に見てやるぞ！

一二月二日、この年最後のセスナロケーションを行ない、越冬穴の大体の位置を確認。以後、スキーによる接近を試みた。越冬穴探しは、もっぱら細村君にやってもらった。彼が探し出した後、私たちが越冬穴観察を行なう。山中では、一時間に一キロ進むのがやっとである。息が切れ、休むと汗が冷え、足は凍《こご》える。髭面が凍《こお》り、靴が氷塊と化してしまう。

たどり着くと、まずクマがいるとおぼしき木を取り囲み、どう攻めるか算段する。皆、この仕事を結構楽しんでやっていたようだ。

しかし、状況を正確に判断しなければ、危険この上ない仕事である。「今一度」という言葉は存在しない。完全な一発勝負である。この時期、クマはかなり深く眠っているが、物音には反応する。

クマが行動を起こす前に、穴の入口をどうにかしてふさがなくてはならない。雪におおわれた状態のまま、出入口が何個所あるか、どの方向にあるか、どの位置に寝ているかを正確に把握するのがポイントだ。年が明けた一月、二月、連日越冬穴探しに奔走《ほんそう》した。

越冬穴を覗いてみる

二月一六日、ナウシカの越冬穴にたどり着いた。ナウシカの越冬穴は、不思議な構造をしていた。構造が複雑なゆえ、説明も複雑にならざるをえないのだが、試してみる。

直径七メートルぐらいの巨石の上に、古いスギの大きな切り株(営林署用語では伐根と言う)がある。この切り株の脇から、二本の若いスギの木がすっくりと伸びていた。

切り株には、五〇センチメートルからの雪が積もり、全体像は分からない。切り株は大きく、いくつもの出入口らしい個所があった。

切り株の雪の上に、薄く黒いシミが広がっていた。そのシミは、中心部に向かい濃さを増し、切り株の中心部で落ち込んでいた。ナウシカが吐く暖かい息で開いた空気穴に違いない。かじかんだ素手をかざすと、わずかに暖かい流れがあり、乾物屋のオバさんの臭いがする。二月の厳冬期、ナウシカはかなり深く眠っているはずである。とはいえ、危険な予感がちらついた。

直径三〇センチメートル、長さ五〇センチメートルばかりの枯れ木で「セーノ」とばかりに空気穴らしい部分に栓をした。他の出口(入口も同じだが)からも出て来る気配はない。

六時を過ぎ、あたりはもう雪明りだ。同行の館山君が息抜きの穴から怒鳴った。

「おい、どうしたナウシカ!」

途端に、ナウシカが「ガオー」とばかりに返事した。あまりの鼻息の荒さに、私たちはもんどり打って雪の斜面にころげ落ち、二メートルの雪の中に埋没した。

ナウシカは、結局、丸太一本で、缶詰《かんづめ》になったのだった。伐根の側面にある直径五センチメートルほどの隙間からライトを入れて覗いて見ると、ナウシカもまた隙間に目を当て、まんまるまなこを見開いて、こちらを覗き見しているではないか。ナウシカの目の光は不機嫌だったが、私は機嫌がよかった。久しぶりのナウシカの目が嬉しかった。

しかし、狭い隙間から見えるのはナウシカの目だけで、全体の様子は分からなかった。

数日して、再度の観察に行く。合計五回も檻に入ったナウシカには、皆、愛着があった。隙間から、超小型テレビカメラと照明を入れる。ナウシカは、奥の方で丸くなっていた。モニターに写ったナウシカの毛はばさばさで、その姿はもつれた黒い毛玉だった。

越冬中のクマの全体像が、今まさに私の眼前にある。感激であった。過去に何度も挫折した試みが現実となったのだ。

ナウシカの住宅事情は良いようだ。クマには珍しく大きい部屋だ。二部屋に別かれていて、手前が広く、奥はやや登り勾配になっている。越冬が終わってから測ると、奥行きは一、九八〇センチメートル、巾は、スケールを入れることができなかったが、一メートルぐらいだった。中には木のクズや粉が一〇～一五センチメートルほども厚く積もり、ふかふかのベッド状になっていた。秋に疲れ切ったナウシカの体をいたわっていたことだろう。

子供はいるだろうか。二月ならもう産まれていてもいいはずだ。この時期、「出産シーン」は遅いかもしれないが、産まれて間もない子供のいる可能性はある。捕獲した時、子供を連れていなかったし、泌乳していなかったから今年は可能性が高い。

モニターの画面で、彼女は体をくねらせ、内懐《うちぶところ》を見せた。緊張の一瞬だ。しかし、腹の下には子供がいなかった。温かい子グマのうごめきはなかった。ナウシカの栄養状態が良くなかったせいだろうか。落胆の家路につく。

雪も大分消えた頃、彼女はモグラが穴から這い出るように、ずるっと抜け出ると、あたふたと山奥へ走っていった。出口の狭さにナウシカの体が細くしぼられ、胸や腹の脂肪が腰にまでずり落ちたように見えた。

クマはくの字になって眠っていた

二月二〇日、次はオシンの越冬穴に向かった。日本海側の雪は湿っていて重い。スキーのシールに雪がつき、丸太のようになる。「本州の雪は堕落している」と表現した作家がいたが、まったく無駄な労力を費やさせてくれる。

オシンの越冬場所にたどり着いた。

オシンは、急な崖の途中にある、高さ四〇メートルはある天然スギの巨木の中にいるらしい。根元の、地上から一メートルほどの部分がビール樽のようにふくらんでいる。そこで寝ているらしい。入口らしい穴は、地上から五メートルも上にある細長い隙間らしい。オシンは五メートル上の隙間から入り、下のふくらんだ所まで降りて寝ているらしい。

「らしい」の連発であるが、それはクマの越冬穴探しの危険性のゆえである。まだ確定的なことは一言も言えない。

どうするか、判断に迷った。オシンは天然スギの中とは限らない。根上がりの部分とか、ずっと下の土中の可能性もある。スギの木を取り囲み、木をさすり、魔法瓶の蓋《ふた》を聴診器がわりにして、木に当てて物音がしないか聞いてみた。一時間近くも、あれやこれやと検討した。まわりを偵察した小島さんが「入口は一個所だ、やるべし」と目に大胆な光を宿した。意を決し、私は、にわか作りの梯子《はしご》を立てかけ、手に丸太を持って登って行った。

五メートル上の隙間は、計測すると巾が一四・五センチメートルしかない。この丸太一本でふさがるはずだ。そっと丸太を入口に当てる。中からは、かさりとも音がしない。

丸太を針金で固定し、これでオシンはクマ缶になったはずだ。とにかく、越冬穴を観察するには、出入口をふさいでおくことが先決である。

はたして、オシンはいるのだろうか。隙間から、超小型ビデオカメラのレンズを降ろす。狭い土管状の木の中を通って、四メートル降りた。モニターに黒い毛玉が写し出された。

「アレッ、オシンが、逆立ちしてら！」

館山君がすっとんきょうな声を上げた。

「アッと、画面が逆です！」

「オシンだ、久しぶりだなヤ」

六ヶ月ぶりの再会だった。オシンの住宅事情は、あまりにせまい。「く」の字に曲がった穴の中で、オシンは体を思い切り「く」の字に曲げ、窮屈《きゅうくつ》そうに冬を過ごしていた。オシンは、億劫《おっくう》そうに頭を上げレンズを見上げた。鼻には隙間から落ちた雪がこびり着き、舌を出して舐めている。「フチャ、フチャ」と舐めるたびに、白く凍った息が、モヤとなって立ち登る。毛はしっとりと水蒸気で湿り生気があった。毛の先々には水滴さえしたたっているように見えた。

オシンとは足かけ四年もつきあって来た。よくここまで生きてきたものだ。皆、賛辞を惜しまなかった。

それにしても、よくあの頭胴長一二七センチメートル、七五キロ（今では九〇キロぐらいあるだろう）の巨体がこの一四・五センチメートル巾の隙間から入ったものだ。

秋田県の狩猟集団である又鬼は「クマは頭が入れば体も入る」と言っている。オシンは、どうにか頭を入れることができたのだ。おそらく頭を横にして入ったのではないだろうか。

オシンが背を伸ばした。しかし、モニターには赤ちゃんは写らなかった。泣き声も聞こえない。その事実を、私は、自分の目で確かめてみたくなった。丸太をどけて、狭い隙間に頭を差し込んだ。無理に、無理に押し入れると、落ち込むように抵抗がなくなった。

「いる、いる！」

オシンは木の筒の中に、紙鉄砲の弾のように圧縮されてはまっていた。黒い、とんがった鼻が上を向いた。とても小さな目と出会う。視線に火花が散ってしまった。

「ゴッ」と喉を鳴らすや、ガリガリと上ってくる音とともに「ガオーッ」と吠えられた。

魚市場の臭いがする鼻息を、私は思いっきり吸い込んだ。眼鏡が急に曇ってしまった。

◀▼オシンの越冬穴。
オシンの越冬穴は
天然スギの中にあった。
入口が狭く
左上に突き出た丸太一本で
封入されてしまった。
内部も狭く
体を"く"の字に曲げて
越冬していた。

「頭が抜けない！」

ようやく、頭はワインのコルク栓のように急に抜けた。はずみで、もんどり打って沢に転び、思わず顔面スキーをしてしまった。両耳からは、血がしたたっていた。泣き笑いの体だった。

オシンも、子供を持っていなかった。見かけは非常に栄養状態が良いように見える。しかし、ただ単に、冬毛におおわれてふくらんで見えるだけなのか。子供がいないのは、やはり前年、十分に栄養を蓄えることができなかったせいなのか。オシンの越冬穴は、それにしてもせまい。体を曲げ、窮屈そうだ。よほど辛抱強いのだろう。オシンは、春、いつの間にか穴から出て行ってしまっていた。

穴の中で寒そうに震えている

三月二六日、三人で雪解けの中、徒歩でアラレP2の越冬穴に向かった。

これがまた凄まじく急な崖にせり出したヒノキの大木で、入口らしい大きな裂け口は崖の谷側に面していた。どうにもこうにも接近しにくい。しかも、入口らしい裂け口は、三八センチメートル×七五センチメートルで、下手に覚醒させると瞬時に飛び出して来る可能性がある。

クマが飛び出して来た場合、逃げるための時間かせぎがしにくい場所だ。それまでに確認していた八個の越冬穴の中で、最も危険な構造だ。

「どうするべ、金網かぶせるほうが良いべか、下からこう突き上げて……」

「いや、それだバ、網の脇から出て来られるヤ、こっちから棒バ当てがうべ」

一時間半ほどして、やっと攻め方が決まった。丈夫な金網を、三メートルほどの長い棒の先に取りつけ、その金網の上部にもロープを二本結んだ。これを上から引き上げてもらいながら、私は下から棒を突き上げる。すなわちハエタタキを巨大にしたような形を思い浮かべていただければよい。私がハエタタキを押し上げ、他の二人が上で、ロープを引くのだ。少しずつ、ゆっくりと押し上げた。

あまりにも急な崖で、ただちに中を覗くことはできない。四苦八苦して、谷側にせり出した足場を作った。ザイルに体を固定し、身を乗り出して、金網の隙間からようやく中を覗くことができた。

アラレP2は、寒そうにこちらを見上げていた。四年前に放獣し、去年の秋また捕まった彼女は、今度また覗かれている。身の不運を嘆いているのだろうか、ただ単に寒いのか、小刻みに震えていた。怒ることもなく、穴の奥に顔を突き刺し、ただ震えているだけだった。アラレP2もまた、子供を持っていなかった。なぜだろう。オシンも、ナウシカも、子供を連れていなかった。

餌不足が、母グマの体内にある模糊《もこ》とした生命をも奪ったのか。もしそうなら、この年、四一五頭ものクマが射殺されているのだ。その上、餌不足で繁殖がなされなかったというのなら、クマの将来はどうなるのだろうか。これは由々しき問題だ。

四月、彼女は自分で金網を押しのけて出て行った。

五頭とも子供を産んでいなかった

三月一五日。レベッカの越冬穴に向かう。レベッカの越冬穴は、天然スギの根にできた空洞だ（のはずだ)。根がタコの足のように地表に伸び、スギの本体が一メートルも押し上げられるような形をしている。まるで熱帯のマングローブのような形だ。

この越冬穴だけは、正直、なかなか攻める気にはなれなかった。小島さんもあれは危険な穴だと言う。つまり、見かけは一個所しか出入口がないように見えるのだが、しかし斜面の上方に別の出口があるようにも思える。五メートルまで近づいては金網を伸ばすものの、緊張で手が震え、どうしても金網を出口に張り付ける決断がつかない。

一〇人からの人員が、じりじりと前進しては後退した。こういうことを三回も繰り返した。そして結局、この穴を断念した。

四月早々、気温も上がり、レベッカがそろそろ穴から出ることが予想されたため、向かいの尾根から観察することにした。案の定、危惧は的中していた。やはり、別の出口が二メートルも上方の地表部にあったのだ。レベッカはモグラのように雪をかきわけて出て来た。

あのたくましいレベッカでさえ、子供を連れていなかった。悲しくて、出産シーンなど、もうどうでもよい気分であった。一頭でも生まれていてくれさえすれば……。

クマは、赤ちゃんがいれば、もっと私たちに獰猛《どうもう》に立ち向かって来ることだろう。しかし、野生の牙を抜かれたように、寂しげである。同情と哀れのただよう日々であった。

四月三日、最後の望みを託してパパメコの越冬穴に向かった。パパメコの越冬穴は最も遠く、場所も悪かった。五時間近くかけて林道を歩き、斜面を登る。すでに雪解けで、踏んばりがきかない。さらに山中を一〇キロも歩く。えぐれた崖の中途に、越冬場所らしい倒木があった。アンテナがはっきりとその倒木を指していた。

ババメコの越冬穴は、まったく奇妙な形をしていた。長さ二五五センチメートルの倒木がババメコの越冬穴なのだ。その内部は、奥行きが一八〇センチメートルぐらい、巾は七〇センチメートルぐらいであった（スケールが入らず正確には測定できなかった）。このモンキーバナナのような形の短い倒木が、崖の途中に張り出した細い木に引っかかり、止まっている。万一、この細い木が折れでもしたら、越冬穴である倒木は谷に転げ落ちてしまうはずだ。

灌木《かんぼく》につかまり、谷側に身を乗り出して様子をうかがう。倒木には入口らしきものが見当らない。ババメコの首輪だけが落ちているのではないかと思い始める。小島さんが「クマの臭いがするから必ずいるヤ」と言う。確かに、腐った干物の臭いが強烈にする。

結局、入口は我々からは見えない、雪におおわれた谷側の地面近くだと思われた。

二人が、金網を、入口らしき個所へやみくもに突き出すことにした。出て来たら、その時はその時だ。そして、他の場所から出て来たら、私が棒を突っ込み、押し返すことにした。予想は当り、雪の下から手を出したババメコが金網を引っぱり込んだ。

こういったとき、クマという動物は「押す」という動作を知らない。もっぱら「引く」という作業に専念するため、穴ふさぎは楽だ。何かが起こっても、引く時間分の余裕があるのだ。もしクマが押すという動作を知っていたら、やみくもに金網をあてがうことなど、とてもできない。彼らは、自ら穴ふさぎの作業を強い力で手伝ってくれる。

後年、たった一度だけアラレP2が「押す作業」をしたことがあった。その時は、出口から半身を乗り出され驚愕、恐怖感を十分に味わった。

ババメコとは、ほぼ一〇ヶ月ぶりの対面だった。よく太っていたが、相変らず毛には艶がなかった。最初のうち怒っていたババメコも、やがて、まだ眠たいとばかりに体を丸くして寝てしまった。

ババメコにも、子供がいなかった。結局、越冬を確認した五頭の雌には、いずれも子供がいなかった。全体として、この年の出産は少なかったと予想される。クマの今後はどうなるのだろう。雪明りを頼りに山を降りた。もう夜も九時を過ぎていた。空しい足音だけがあたりに響いた。

思い出すのも恥ずかしい話

さて、次に述べるゴンの越冬穴観察は、クマは本当に危険な動物なのだということを十分に思い知らせてくれる事件だった。

しかし、皆に言わせると、越冬穴観察はスリルが味わえていいと言う。このへんからして、この調査に参加した人間たちの神経は、どこかで掛け違いが生じているのではなかろうか。

ゴンは大グマなこともあって、しかも雄であるため観察を見送ってきたのである。ところがアメリカ人のテリー・ドメコという者が来て、ぜひぜひ見せてくれと言う。秋田のクマも国際的になったものだ。

彼は、クマの取材をして、東南アジア、中国と回って日本にやって来たのだ。アメリカ人とはパンとバナナしか食わない国民だったかと思うほど、彼は質素だった。しかもこの男、アメリカ人なのにえらく〝発音〟が悪い。基本的な聞き違いで二〇分近くも時間をロスして苦笑したことがあった。「バスニ行キタイデース」とテリーが顔を洗う仕草をした。「バスで行くならオレが車で送るよ、水臭い」と私。この会話でオレはだいぶ傷ついた。でもこれで二人はだいぶ友達になれた。

四月。もう春も春、いつクマが飛び出して来ても、不思議ではない。この年、位置を確認していて、まだ内部を見ていない越冬穴はゴンとカコとケンサクである。カコとケンサクは遠いし、ゴンは危険だ。行きたくないから「怖いよ」とか「遠くて」と渋った。

「私ハー、クマ撃退用ノ、スプレーヲ持ッテマース。アメリカデハ、効果ガ実証サレテイマース！」と、スプレーの効用を、大きい体をゆすって説く。「連レテッテクダサーイ！」の一点張りだ。「皆サンノ足跡ヲタドッテデモ、行キマース」と食い下がるので、しぶしぶ連れて行くことにした。

四月六日、非常な快晴だ。どんなクマだって起きているはずだ。

ゴンの越冬場所は、標高五八〇メートルの、なだらかに傾斜したスギの伐採地の中にあった。後に実測すると、直径一一三センチメートル、長さが六、一九〇センチメートルの倒木だ。入口が斜面の上に向かってホルンのように大きく開いている。よく雨水が入らないものだ。内部は暗くて、よく見えない。

恐る恐る、内部を覗く。目が慣れてきたとき、奥につまっていた黒いボロキレのようなものが、揺れた。

「これはうまくネエヨ。完全に覚醒しているヨ」

珍しく館山君が弱音を吐く。やっぱりまずい。この暖かさなら、完全完璧に覚醒しているはずである。入口の断面が平らなら、まだ対応の仕方がある。しかし裂けたように凸凹で、これだと金網は使えない。隙間から出られてしまう。やはり、入口のまわりに沢山の棒を刺して、棒が邪魔になって出て来られないようにするしかないか。館山君と私は、何回も棒を持って「セーノ」と試みる。溜息が出る。テリーはと見ると彼はすでにカメラをセットし、リモコンを持って、いつでもという態勢だ。

不用意にも、館山君と私は、膝をついて中を覗きながら、話をしていた。いきなり「ガォーン」と山を震わさんばかりの大声が響いた。

一瞬にして、視野は黒いものでおおわれてしまった。私は斜面の上に向かって、残雪に足を取られながら逃げた。館山君は、その瞬間、尻もちをついた。その分、わずかに遅れて、やや下に逃げた。頭の中は空白だった。が、私は無意識のうちにテリーの方に向かっていた。人間、危急の場合、人のいる方へ向かうのが本能のようだ。危険を分散しようとするのだろうか。

後ろを振り向く。ゴンと館山君は、残雪に足を取られて、まるでスローモーションを見ているような動作である。

だが、ゴンは館山君の後ろ一メートルのところにいる。大きく開いた爪が、今にも館山君の背中をかきむしりそうだ。だが、なぜか彼の顔は笑っている。

カメラのモーターが猛然と回った。しかし、このままでは惨事になると直感したのか、テリーがカメラを捨てて館山君とゴンの間に手を伸ばした。スプレーが、発射された。

黄色の液体がほとばしり、雪を染めた。ゴンが止まった。雪が飛び散る。テリーが、今一歩踏み込み、両者の間に割って入った。再度、スプレーを発射した。

ゴンはたまらず、体を大きくひねり、沢に転げ落ちるように逃げて行った。この時、ゴンは「ウーン」とうなり、頭を天に突き上げたように見えた。

この間、二秒だったか五秒だったか、とにかく時間感覚がまったくなかった。人を助けるという崇高なことなど、まったく思いも及ばなかった。自分の安全を確保するのが精一杯だった。そういえば、河合雅雄の著書『ゴリラ探検記』にも似たような記述があったようだ。

とにかく、危機を脱して五分ぐらい後、三人に、急に緊張感が襲ってきた。筋肉が震え出した。さらに五分後、顔が紅潮してきて、高笑いに変わった。私たちは手を取りあって無事を喜びあった。

この時が、クマの防御スプレーの日本初使用だった。このスプレーによってアメリカではクマの無用な射殺を防いでいるということだ。アメリカには、素晴らしいものがあるものだ。日本でも生産されないものだろうか。

テリーは、あの状況で、しっかりとクマに追われる「哀れな日本人」を撮り、録音もしていた。そして、こう言ったものだ。

「コノ写真、インターナショナルナ、マガジンニ載セマース」

これは国辱《こくじょく》ものである。

クマはなぜ里近くに出没するのか

さて、一九八六年（昭和六一年）の異常な状況を生き伸び、再び大自然に旅立って行ったクマたちの追跡は、その後も順調だった。

それにしても、餌を求めて里におりたクマたちは、人間活動との軋轢《あつれき》の中でばたばたと射殺されていったが、彼らと森に、いったい何が起きていたのだろうか。

ゴンは、捕獲地点から二一キロも移動した。ナウシカやオシン、アラレP2、チコたちも里に接近し、ココとアキレスは射殺された。

クマたちが異常に里に接近して来た本質的な理由は何なのだろう。

それは簡単には餌の問題だと説明されている。机に座っているだけなら、そう言って済ましていられるかもしれない。しかし、実際にクマを追跡している私たちからすれば、それではあまりにも観念的で、実感に乏しい説明のように思われる。

確かにドングリ類が不作だったというのは事実だし、越冬穴を確認した五頭の雌に出産がなかったという事実も、クマの繁殖に直接に影響を与える秋期の種々の木々の結実がかんばしくなかったことを物語っている。

重要なカロリー源である炭水化物や脂肪をクマたちに供給する広葉樹の結実がかんばしくなかったという現象には、気候的な要因もあるだろう。しかし一方で、これは広葉樹の森自体に何か変化が起こっているのではないかという危惧を抱かせる問題でもあるのではないだろうか。森の活力が落ちてはいないか。餌を供給する木が減少してはいないだろうか。もちろん後者には、伐採が進み、餌を供給している広葉樹林が減少しているのではないかという意味を含んでいる。

これを逆手《ぎゃくて》に取り「クマが増えすぎて餌の絶対量が不足してきている（だから射殺が必要だ）」と言

▲▼ゴンの越冬穴。
ゴンは
六メートルをこえる
天然スギの倒木の空洞を
越冬穴として利用していた。
入口は
斜面の上方に向かって
大きく開いていた。
入口には
一リットルをこえる糞塊を
残していった。
八六キロの
本格的な雄グマだった。

う人がいる。とてもこの意見には賛成できない。こういうのを詭弁《きべん》を弄《ろう》するというのだろう。

さらに「森林を伐採すると、林床《りんしょう》を太陽が照らし、陽生《ようせい》植物（太陽を好む植物）が繁茂するから、クマが増える」と大胆な発言をする人もいる。伐採がクマに好結果を与えていると言いたげである。しかし、それは違うのである。

確かに、伐採すると陽生植物が繁茂して、例えば草食性（この場合は草の葉や茎のみを食べる動物を意味している）のカモシカ、ノウサギ、ノネズミなら「一時的」に繁殖する。そして、それらを捕食するタヌキ、テンなども「一時的」に増える（林縁《りんえん》効果）。しかし、クマには、この論をあてはめることはできないのだ。クマの繁殖は、あくまでも秋の堅果類食によって決定されているのである。草の、茎や葉では決してないのだ。

さらに大事なことは、多くのクマが、木を利用して越冬し、出産するという事実である。繁殖と越冬には、太い天然スギや広葉樹を必要とする。最近、里近くに土穴を掘って越冬するクマが急増しているという事実がある。それは間違いなく、越冬用の大径木《だいけいぼく》が不足しているのだろう。ますますもって人とクマとの軋轢が増えることになる。

少し古い数値だが、カモシカの生息数は約七六、〇〇〇頭±一二、〇〇〇頭（昭和五四年度環境庁発表）とされている。カモシカは生息圏を広げているようだが、クマのそれは急激にせばまっている。当然、クマはカモシカより多いはずがない。

下北半島、紀伊半島、中国地方、四国地方ではすでに個体群が孤立していて、危険な状態だと言われている。生息数から考えて、クマが特別天然記念物に指定される日が来ないとは言い切れないのが現状だ。

　クマが博物館や動物園でしか見られなくなるのは意外と近い将来であるかもしれない。

クマのいる豊かな森を残したい

それにしても秋田県では一九八六年（昭和六一年）、クマもクマをめぐる人々も殺気立っていたように思われる。本質を見失い、その結果、四一五頭ものクマの死体が残った。この数が多いか少ないか、立場によって考え方が違うだろう。少なくともこの年、四一五頭が射殺され、以後、翌年は一一六頭、翌々年には一三〇頭、三年後には一二三頭と射殺数は激減している。射殺数は、まだ以前の水準まで回復していないのだ。回復までには、クマの繁殖能力からいって、まだ数年以上はかかるだろう。

　説明はいろいろつくだろう。いわく、翌年は餌が豊富で、クマは里に出る必要がなかったと。だから射殺される個体はきわめて少なかった。駆除に出かける回数も少なかったと。確かに、各種の木々の結実は大豊作に近かった。ために、里に出て果樹園を荒さなくても、山奥で十分にやっていけただろう。

　果樹園主や林業者は喜んでいる。それはそれとして認めたい。しかし喜んでばかりいられない。雪の山々を歩いていても足跡が見当らないし、生息しているという痕跡が極端に少なくなった。

　その上、翌年には、私たちは一頭のクマも捕獲できなかったのだ。檻に近寄って来るクマさえなかった。堅果類が豊作で餌が多くあったから、近づかなかったのだと説明は一応できる。

一方、翌々年、すなわち一九八八年（昭和六三年）には、東北地方は堅果植物が不作であった。山形県では、クマが異常出没し、三人がクマに襲われ死亡した。負傷者も相次いだ。新潟県、富山県でも異常な出没が続いた。日本海側はどこも堅果類が不作だったようだ。ところが、秋田県ではクマの出没はなく、里は静かであった。すでに多数が射殺されていて、出るに出られないほどの生息数になっているのではないだろうか。もしそうなら、背筋に寒けが走る状況だ。

現在、餌も越冬場所も奪われたクマたちにとって、将来が安全である（あるいは種《しゅ》を永続させることができる）という保証はどこにもない。クマたちは、自然の餌の多寡《たか》によって、自らの個体数を調整するという自然の生理を持っている。同時に、餌の多寡《たか》が、直接、捕獲（射殺）に結びつくという不幸な脆弱性《ぜいじゃくせい》をも持っている。本当にクマが博物館や動園物でしか見られなくなる日は近いかもしれない。

一九八七年（昭和六二年）七月三一日、私たちの活動の記録がNHK特集「追跡ツキノワグマ」として放映された。大きな反響があった。新聞や雑誌に沢山の投書が寄せられた。クマが可哀相だ、生息している森を守れというものなど、寒々しい人間の所業《しょぎょう》を糾弾《きゅうだん》するものが多かった。とりわけ反響が大きかったのは、ココが射殺された場面であった。

ここに、ある雑誌に載った小学生の作文を紹介しておく。

「クマのテレビを見て」

青森市立造道小学校二年　工藤尋樹

「きのう、クマのテレビを見て、秋田でしんだクマの数は４０９ひきだそうだ。

秋田のクマのいにストレスがあった。クマにストレスがあるとは、びっくりした。秋田のクマがいる森に、木のみがなくなってきて、クマがしんだのかも。

人里におりていった、クマ1頭がころされたのを、ぼくはテレビで見ていて、人げんはクマがかわいそうではないのかと思った。

そして、森の木とか、木のみがついた木をきりたおさないと、クマも生きのびれるんじゃないかと思った。ぼくは今、2年生です。ぼくが大きくなるころには、森の中に一頭のクマもいなくなってしまうのではないか。そうなると、とてもかなしいことだと思う。

もし、ぼくがクマをたすけるとしたら、木のみや木がたくさんなる、ほかの山へつれていってやりたいと思う。

人げんとクマがなかよくできるといいな」

子を持つ親として、何とも切ない作文である。小学校二年生の子にこのようなことを言わせたのは私たち大人である。この子たちに何と説明したらよいのか。これまで、私自身、正直なところ積極的に保護を訴えることをしてこなかった。その意味で、テレビ番組は私自身を責めるにも十分だった。

ヒグマの追跡にとりかかる

一九八七年（昭和六二年）三月、環境庁は前年の調査結果についての検討会を行なった。ツキノワグマについては担当の私が発表し、ヒグマについては北海道大学天塩《てしお》地方演習林の青井俊樹氏が発表を行なった。ツキノワグマの追跡結果は検討委員を驚かせるに十分だった。ヒグマでも追跡が行なわれることが期待された。

検討会で、追跡努力は驚異的であるが、植生調査の突っ込みが足りないという指摘があった。なるほど、植物なしにクマは生息し得ない。クマにばかり目を奪われて、森を見ることを少々怠っていたようだ。

発表が終わり、各調査担当者たちが集まって情報交換を行なった。北大のヒグマ研究グループは前年の二月にアメリカのウイリアムズバーグを中心として開催された第七回国際クマ会議に出席し、大きな知見を得て帰国していた。アメリカやヨーロッパでは、捕獲方法、追跡方法など、どれをとっても大きく進んでいる。我々は今、その最初の段階にさしかかったばかりである。彼らは、調査結果をふまえてマネジメント（管理）を行なえる実力をすでに備えているのである。

北海道でのヒグマの調査は、こと追跡に関しては、まだ足踏み状態であった。

私は常々、野生のヒグマを見たいし、機会があれば追ってみたいとも思っていた。このせまい日本に二種類のクマが生息している。地史的に見ると、本土にもかつてはヒグマは生息していた。しかし今日、世界的に見ても両種が混生している地域は少ない。この両種を見ずして本当にクマをやったことにはならないのではないか。ツキノワグマとヒグマとでは、生態に違いはあるだろうか。

ヒグマの調査は、北大天塩地方演習林の青井俊樹氏を中心として北大ヒグマ研究グループが、もう長年にわたって行なってきている。多くの貴重な成果をあげてきているが、しかし追跡調査はまだ思うように進んでいなかった。かつて私は冗談めかして「ヒグマをふん捕まえてみましょうか」と青井氏に言ったことがある。「どうぞご自由に」と、青井氏はさらりと聞き流した。彼は、ヒグマの捕獲がどれほど難しいか十分に知っているのだ。

ある日、あるテレビ局から私のところへ、ヒグマの追跡調査をしてみないかとの話があった。資金さえあるなら成功する自信はあった。私は、ヒグマを追跡する上での考えられる問題点を洗いなおしてみた。しかし、捕獲にしろ追跡にしろ、技術的にはまったく問題がないように思えた。なぜこれまでできなかったのかが不思議に思えた。

費用と人員が確保できれば、そして調査場所を間違えさえしなければ、ヒグマの追跡調査は可能なのではないか。もちろん、ある種の不安は当然ある。なにしろヒグマとは、まだ直接対峙《たいじ》したことがない。

それに、あれだけ実績のある北大ヒグマ研が長年努力してきたにもかかわらず、まだ完全な追跡がなされていないということは、その裏に、私のはかり知れない何かがあるのではないだろうか。仕事を始める前の漠然とした不安、どれだけ本腰を入れて取り組めるかといった不安もあった。しかし、話は進み、追跡は現実に行なわれることになったのである。

調査は道南と決まった。そこでは北大農学部大学院博士課程に学ぶ間野勉君が頑張っていた。彼を助けるかたちで、共同で追跡調査を実施することになった。追跡、航空機の使用、檻の設置、ハンターの協力、交渉機関の有無、交通の便などの問題を考えた上で道南が選ばれたのである。

一九八七年(昭和六二年)四月、私は打ち合わせのため道南に渡った。案内してくれた間野君は、檜《ひ》山《やま》郡上《かみ》ノ国《くに》町にある北海道大学檜山演習林に住み込み、一人で道南のヒグマの現状を地道に追いかけていた。

前年、北海道でもやはりヒグマの異常な出没が相次ぎ、道南でも一〇〇頭を越えるヒグマが射殺されたという。これは全道のヒグマ射殺数の三分の一に近い数で、彼は道南のヒグマが絶滅するのではないかと憂えていた。

道南の内陸に入るにつれ驚いた。本土の亜高山地帯の風景が広がってきたのだ。つまり、ブナが平地からあるという不思議で、これは落ち着く風景だ。

秋田とは気候的にも似ているようで、約二週間、春が遅いようである。植生が似ているからには、道南のヒグマの生態もツキノワグマとよく似ているのではないかという感触を得た。

この仕事の成否は、捕獲がうまくいくかどうかということと、追跡のしやすさにかかっている。捕獲の可能性を見るには、大きな沢が合流している場所があるか、そしてそこに捕獲檻を搬送できるかがポイントだ。沢が合流しているところは湿地で、流水があり、餌となる植物、魚、両生類《りょうせいるい》や昆虫も多い。道南の川は狭隘《きょうあい》でなく、川底の平らな川が多く、檻を運ぶのにジープを使えるように思えた。

追跡のしやすさは、電波の伝播《でんぱ》特性と関係してくる。移動しやすい林道が入り込んでいるかということとともに、調査地域をカバーできるピークがあるかが問題だ。

道南の沢は広すぎてワイヤー集材ができないため、ブナ林の伐採にはブルトーザーを用いている。そのため山には無数のブル道があり移動しやすそうだ。山を実際に見て、絶対にやれると確信した。私と長年コンビを組んできた小島さんが動物園を退職し参加すると言う。

館山君と平井君も参加することになった。北海道に渡る前、私はヒグマに関するいろいろな本や雑誌をあらためて読んでみた。ヒグマの悲惨な事件史は私を暗い気持ちにさせた。

ヒグマは二倍大きく三倍強い

ここでヒグマの一般的な形態の概略を述べておこう。一般に雌雄同色同型だが、雄の方がより大きい。野生下では、頭胴長二五〇センチメートル、体重三〇〇キロが限界だと言われている。ただし動物園などでは五〇〇キロにもなる個体がいる。

体色は変異が大きく、黒褐色が多いが、まれに真っ黒や金色（金毛と呼ばれている）のものもある。ツキノワグマのように胸に白斑はないが、まれに持つものがいる。特に幼獣期に出るものがいる。

体型をシルエットにしてみると、ツキノワグマは全体に頭が小さくて首が長い。ヒグマは、肩が背中の高さよりかなり高く盛り上がっているのが特徴だ。ヒグマは全体的にがっしりしていて、手足が太く、首や胴も太い。頑丈でずんぐりとしている。いずれにしても、ヒグマはツキノワグマの二倍大きく三倍強力だとの感触を持った。

五月八日、全員北海道に発つことになった。私のランドクルーザーの後ろには、生活道具や調査機材、檻などを満載した館山君と平井君の運転するバンが続く。小島さんのジムニーもその後に続いた。津軽海峡の水平線に浮かぶ渡島《おしま》半島には、調査地である大千軒岳《だいせんげんだけ》の峰々が並んでいる。

五月一〇日、檜山郡上ノ国町早川《はやかわ》に着く。私たちは宿舎として町営住宅を借りることになった。集落のまわりは高い尾根に囲まれ、孤立しているような感じを受ける。

部屋割りをして、表には「道南ヒグマ調査本部」なる看板を掲げた。いよいよ期待と不安の入り混じった一年がスタートする。

最初の三日間は、林道という林道に車を乗り入れ土地感を養った。同時に、檻の設置地点を検討した。五月一三日、最初の檻の設置にかかる。

檻は私が秋田で作ったものだ。ヒグマ用の大型で、作りとしては見事なのだが重すぎるきらいがあった。

ところで間野君は「ヒグマは突然襲っては来ません」と言うのだが、しかし檻の設置作業中、私たちは未知なる恐怖でいっぱいだった。気休めに「ヒグマよけ」のホイッスルをむやみに吹き続けた。草むらで用を足している最中も吹き続けた。吹きながら用を足すのは息が切れる。

檻を設置したのは、大きな沢の合流点である。餌となる植物が多かったが、いくぶん暗すぎるのが気になった。以後、経験から「大きな沢の合流点」という檻の設置方針は「明るい沢の合流点」へと変わっていった。

檻を草などでカモフラージュし、捕獲報知用の発信機を取り付けて完了である。

二番目の檻は、間野君が考案したドラムカン式のものであった。私たちは最初、この檻に違和感があった。なぜなら、ヒグマは巨大だというイメージがあり、こんな狭い所に好き好んで入るわけがないと考えていたからだ。入らない、という確信に近いものがあった。

ドラムカン式の檻とは、二本のドラムカンを接続したもので、入口は落下式になっている。反対側と胴の部分には沢山の穴が開けてある。後に、このドラムカン式の檻は有効であることが実証された。

しかし、二本式では短かすぎ、三連式へと作り変えることになった。ドラムカンの内側は、臭い消しのために焼いてある。狭い上、奥が深い。中に入って作業をするのは、閉所恐怖症の人にはたまらない。「入ったらヒグマの缶詰そのものですね」と館山君が言っていた。

初めてヒグマを捕まえる

ところで、秋田クマ研と北大ヒグマ研との寄り合い所帯の合同調査だ。同じ目的で頑張っていても、意見の食い違うことがある。例えば、危険ということについての判断などもその一例である。

こんなことがあった。アメリカでは、腐肉《ふにく》を使ってアメリカクロクマを捕獲することが常套《じょうとう》手段になっている。北海道でも、これまでアザラシや魚の腐肉を使用して捕獲した例があった。

そこで私は、捕獲用の餌にイカの内臓(地元ではゴロと言う)を使えないかと提案した。渡島半島では、イカの加工業が盛んだ。公営の処理場が少ないため、その際に出るイカの内臓を人目につかない海岸や山奥に捨てる者が跡を絶たない。

前年、北海道でヒグマの異常出没が相次いだとき、渡島半島ではこのゴロ捨て場にヒグマがつく例が多く見られた。

農家では、これを肥料に使う人が多く、畑にはドラムカン製のゴロだまりがあちこちに置いてある。ヒグマがこの畑のゴロを襲うこともあるらしい。それだけ嗜好が強いのなら、これを使い、効率よく捕獲してはと思ったのだ。

しかし、間野君はそれは「だめだ」と言う。なぜなら「ゴロの味を知ったヒグマは海岸線のゴロ捨て場を渡って歩く」からだと言う。

なるほど、間野君は、今後ここに居残って調査を続けていかなければならない立場にある。彼の意見は優先されてしかるべきだ。

さて五月二七日、私と小島さんは、海岸のその「ゴロ捨て場」近くにドラムカン檻を設置することにした。ゴロを食べに来るヒグマを捕獲してみたかったからである。

北海道のササ原は、遠くから見ていると美しく芝生のようだが、しかし、中に入ると身動きもできないほどの荒野なのだ。二時間ほどかかってやっと所定の場所にたどり着き、ふと目を凝らすと、一〇メートルほど先の斜面の草がなぎ倒されていて、ひとすじの道になっていた。思わず背筋に冷たいものが走った。草の折れ口が、まだ緑色に水々しく、ヒグマがほんのいましがた歩いた跡だ。

五月二九日の朝、石崎《いしざき》川本流奥の檻からの電波が途絶えた。故障にしろ、行って見なくてはならない。

私と小島さん、それに地元のハンターに出動をお願いして出かけた。この檻は設置してまだ一〇日もたっていない。三人は、軽い気持でヤナギやハンノキが密生する谷川ぞいの歩道を歩いて行った。

北海道は折から初夏を迎えようとしていて、爽やかだ。草いきれにむせびながら、檻の位置まで二〇メートルのところまで接近した。突然、何かが臭った。臭いが臭ったのではない。雰囲気が臭うのだ。長年のカンから、ただならぬ気配が感じられた。

「危険だ！」

三人が同時にそう思ったようである。お互いに顔を見合わせ、寄り添った。

ハンターは、銃に弾丸が入っていることを確かめ、面目をかけて私たちを導いた。私たちもそれぞれに武器を握り、後に従う。一〇メートルまで近づいた。風が揺らぎ、木々の葉の隙間から檻の一部が見えた。

「ホーイッ」

小島さんが声をかけた。

「ガッフーン、ガッチャーン」

途端に、ヒグマのうなり声が噴き上がる。檻にぶち当る音が谷じゅうに響きわたった。私の体は小刻みに震えた。口の中に渇きを覚えた。

こういう状況でのヒグマが最も危険だということを、皆、知っている。檻にヒグマが入っていることは分かった。怖いのは、ヒグマの子供が檻に入っていて、まわりに母グマがいる場合だ。だとしたら、まわりがもっと荒れているはずだ。今、その心配はなさそうだ。

しばし逡巡《しゅんじゅん》があった。小島さんとハンターは、ハンターを増員し、後刻、接近したらどうかと言う。私は、どうもこれは私の性格でもあるのだが、このまま接近し、ドラムカン檻の補強をしたかった。ドラムカン檻は、入口のストッパーが弱いおそれがあった。ヒグマが突撃を繰り返しているうちに、壊れ、逃げられてしまう恐れがあるかもしれない。

二人がしぶしぶ同意し、身を低くして檻に接近。中に、黒いかたまりが見える。周辺にはヒグマの汗の臭いが満ちていた。ツキノワグマの臭いより渋味が強く、ツキノワグマの甘い臭いがなつかしい。

▲ヒグマと人間。
一九八七年八月に捕獲した
大きな雄、サトシ。
体重一六五キログラム。
頭胴長一七五センチメートル。
骨格は頑丈で
手の平の巾は
一六センチメートルもあった。
ちなみに後方の人間は
右から米田、
小島聡（サトシ）さん、
間野勉（ツトム）君。

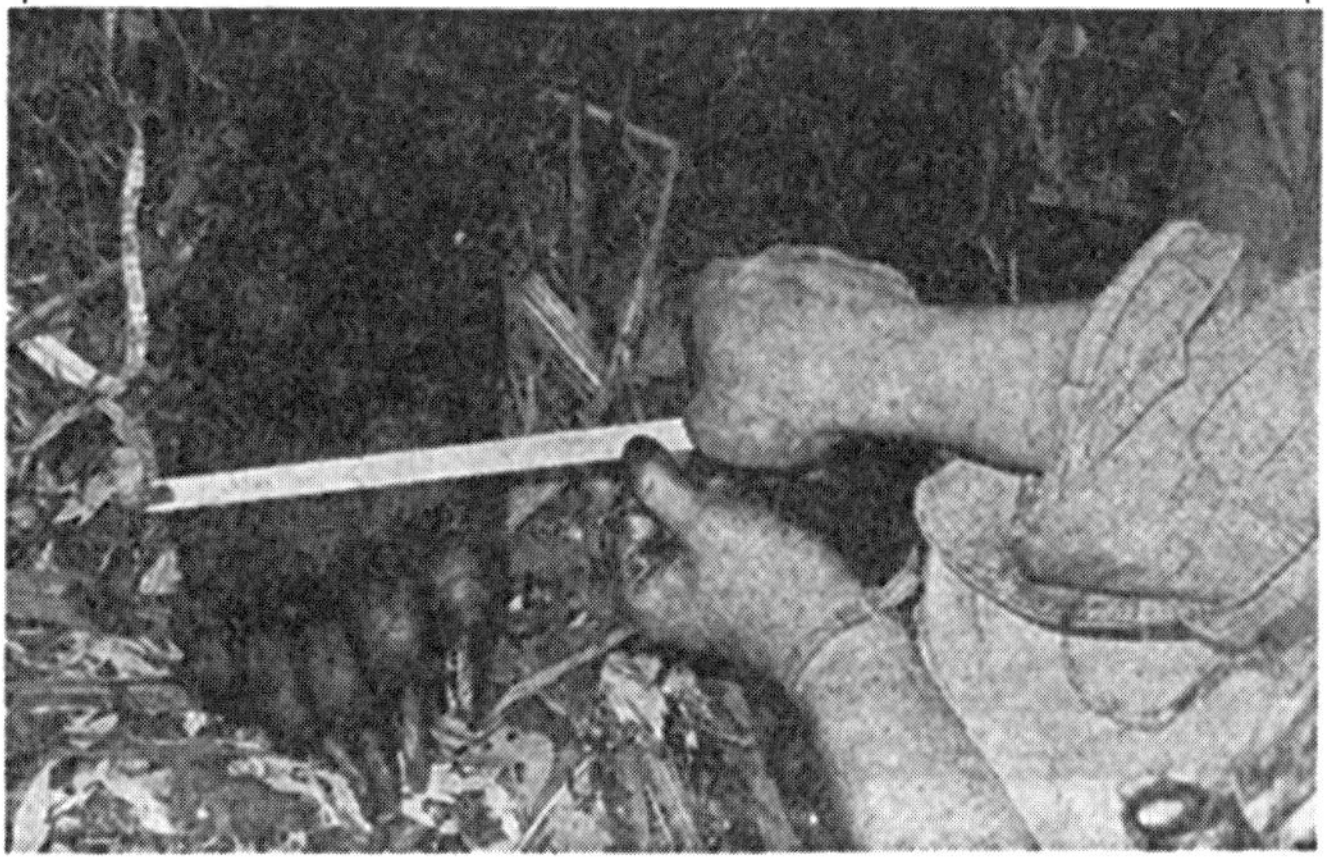

▼サトシの
左前足。

ヒグマは低い姿勢で「フッフッ」と重いうなりを発していた。時々、突撃を繰り返す。檻には、今のところ異常はないようだ。念のため、入口や、檻を押さえている杭を補強し、やっと安堵感を覚えた。

「小島さん、よかったナ、これで皆に義理が立つし、間野君も喜ぶべサ」

「んだな、意外と簡単だったな。一〇日で一頭か、あと一〇頭はいくんでないか」

宿舎に戻り、関係者に連絡を取った。やがて、北大ヒグマ研の獣医班三名、放獣班七名、秋田からは舘山君が、その日の飛行機でやってきた。テレビの取材班が到着したのは真夜中であった。その夜の食卓は賑わった。

悪魔のような形相だった

放獣は、翌日五月三〇日の午前一一時と決めた。興奮に、身震いを感じた。北大ヒグマ研では、かつて一九八〇年（昭和五五年）に天塩演習林でサトミと名づけられたヒグマの追跡を行なっている。それ以来のことになる。

一〇時頃、現場に到着。ほとんどの人が野生のヒグマを間近に見るのは初めてで、興奮と緊迫感が漂っていた。

ところで、ここで、これから起こる「事件」のために、あらかじめ現地の地形を述べておかなければならない。まず、石崎川本流が走っている。川の左岸には、ほぼ並行して歩道がある。歩道の左側は、切り立った崖である。歩道の一部がやや広がっている部分に、捕獲檻が設置してある。川の右岸は、急傾斜の雪崩地で、木が少ない裸地となっている。

私は前もって、小島さんに先発してもらい、右岸の傾斜地に木で高いヤグラを作っておいてくれるよう頼んだ。ヤグラの上に観察班を置き、覚醒して移動して行くヒグマを観察するためである。高いヤグラは、安全を図るためのものだ。麻酔が覚醒する過程や首輪にどう反応するかを今後の調査のために記録に残しておきたかった。

ところが、現場に着くと、ヤグラができていなかった。斜面がきつい上、ヤグラ用の木がなかったという。結局、木を横に倒して固定しただけの足場だけはできていた。放獣手順に気を取られていた私は、これでやむなしと判断した。実は、これが私の「第一番目」の判断ミスだった。

北大ヒグマ研の獣医グループにより、あれほど荒れていたヒグマもたちどころに鎮静した。内部をうかがうと、かき集めた土やら草やら餌のハチミツやらが混じり合い、ドラムカン檻の中はどろどろの海になっていた。

引き出されたヒグマを見て私は愕然とした。泥化粧をした顔は、ツキノワグマとは似ても似つかない、一言で言えば私の目には悪魔のようなおぞましい姿に映った。その顔ときたら馬のように長く、鼻孔はえぐられたように開いていて、口は際限なく耳元まで裂けている。その形相には殺気さえ漂っていた。

丸やかで温和なツキノワグマの顔を見慣れた私に、はっきりと嫌悪の感情が走った。

ヒグマに比べたらツキノワグマはぬいぐるみのように可愛いものだ。同じ体重なら、ヒグマの手足はツキノワグマの三倍たくましく、骨も二倍は太いだろう。これが夢にまで見たヒグマなのか。その容姿には落胆したが、しかし追跡は面白いかもしれない。

小島さんはいみじくも言った。「ヒグマを一頭捕まえたら、ツキノワグマは手づかみできるよ」けだし実感である。

北大ヒグマ研のメンバーが、すみやかに計測を行なった。彼らは、登別《のぼりべつ》のクマ牧場でかなり実地を踏んでいる。

首輪を取りつける段になった。首輪は私がつけなくてはなるまい。これまでツキノワグマ二〇頭、カモシカ一七頭、その他タヌキ、アナグマ、テンなどに、合計五〇近くの首輪を付けてきた。首輪は脱落が大問題で、過去、全国各地の調査で多くの失敗例がある。今回、多くのヒグマを捕獲することは期待できない。一発必中を期したかった。

ところが、この緊急時に、間野君とやりあいになってしまった。

「このクマは、今は痩せている。しかしすぐに体重が増え、首を締めつけるから、ゆるくした方が良い」と間野君が言う。「そんなことは十分に分かっている。ゆるすぎて脱落したら、それまでじゃないか」と私も思わず言い返す。

結局、彼の提案を入れ、締めつけの穴の位置を中間点で妥協することにした。この雌ヒグマは、越冬明けということもあって体重は六七キロしかなかった。放獣後、体重が増えることは十分に予想できた。しかし、ここは経験で押していくしかあるまい。

さて、観察班を二班に分け、対岸の急斜面に五人が移動、檻の上方の崖には私を含め、四人が登った。他の人たちは追跡のため離れてもらった。

ここに私の「第二番目」の判断ミスがあった。すなわち、対岸の斜面に高いヤグラを作らないまま、ヒグマを挟《はさ》む形で二つの観察班を配置したことである。

アイヌ語で「可愛いお婆さん」を意味する「フチ」と名づけられた雌のヒグマは、ようやく麻酔から醒め、体を小刻みに動かし始めた。頭を持ち上げ、あたりをうかがっている。覚醒はしているが、まだ体は自由にならないようだ。のたうちながら、体を引きずるように、茂みにいったん隠れた。状況を探ってでもいるのだろうか。一五分ほどして、再び姿を見せた。足をもつれさせながらドラムカン檻に接近して行く。突然、まったく突然に、狂ったようにドラムカン檻を攻撃し始めた。私には、この行動の意味が瞬時には理解できなかった。ツキノワグマは、ひたすら逃げるだけで、あのように執拗に攻撃することはなかった。

フチは、執拗に攻撃を繰り返した。檻をたたく音が「ゴワーン、ゴワーン」と谷じゅうに響き渡った。ドラムカンを殴るたびに、フチの手が弾力で跳ね返り、さらに振りが大きくなった。ドラムカンが大きく歪んだ。

それはあっという間の悲劇だった

すさまじい光景だった。背筋が凍り、思わずナタをつかんでいる手が汗でぬれた。

フチは、まだ忿懣《ふんまん》やるかたないといった様子で、今度は檻を固定している杭をかじり始めた。ばりばりと木を咬み砕く音が、崖の上二〇メートルのところにいる私たちにまで届いた。巨大な指、巨大な爪をいっぱいに広げ、丸太をつかみ、引き寄せて咬んでいる。そして、まだ足元がふらついているなと思った拍子に、フチは川原にもんどりうって転げ落ちていった。草むらに身を伏せ、しばらくは動く気配がない。しばらくして、いきなり草むらから飛び出してきた。そして、水を蹴散らし、川を全速力で渡り始めた。川に入ったところまで、こちらから見えた。数秒後、大石の影になり、フチの姿を見失う。対岸の急斜面にいる小島さんから押し殺した無線が入る。

「これは危険だや。かなり危険な事態だや」

次に姿が見えた時、フチは、もう対岸の観察班がいる斜面のすぐ真下にいた。三秒後、フチは一〇メートル駆け上がる。観察班との距離は二〇メートル。危険を感じ取った五人は、右上方へと移動した。この時になって初めて、彼らは「ホーホー」とフチが逃げることを期待して声を上げた。

しかし、彼女は逃げなかった。反対に、攻撃して来た。四秒後、五メートルに迫っていた。こちらからはスローモーションを見ているように時間の流れが遅く見えた。

この緊迫時に、小島さんはハンターに「まだ撃たないでくれ！」と頼んだそうだ。

フチは、耳を完全に伏せ、身をいちじるしく縮め、毛を逆立てて、爪をいっぱいに広げ、形相すさまじく観察班に迫って行った。その勢いで地面から枯葉が飛び散った。四メートルまで迫った。

「もう、限界だ！」

ハンターは、フチが自らの生命の臨界点《りんかいてん》まで接近したことを悟った。引き金を絞った。痛恨の弾丸がフチの胸板をとらえた。フチがのめった。次弾が眉間《みけん》に小孔を穿《うが》った。フチの体毛は徐々に萎え、絶命した。

あまりにも短い、悲劇だった。この事態をどう理解したらよいのか、考えがまとまらない。全員顔面蒼白、無表情。何が起こったのかの判断さえできない。

無線で全員が呼び集められた。フチのまわりは悲壮な空気に包まれた。間野君の怒りが今でも耳に残っている。彼が七年間渇望し続けた夢が、今、無残にも砕け散ったのだ。

「ワシは、このやり方には反対だ。放獣場面の観察はさせない。なぜこうなったんだ！」

私の落胆も、また同じであった。

「こうなったのは、私の責任だ。改善する方向で行く。まだ先はある」

この事故を新たなる前進のための貴重な経験としなくてはならない。彼女の生命を奪った責任は、今後、この調査を成功に導くことによって償っていかなければならない。

秋田を発つ時に漠然とあった「不安」とはこれだったのか。確かにツキノワグマの経験では押し測れない事態だった。しかし最初にこの体験をしたことは、かえってよかったかもしれない。このようなことがなければ、つい油断して、もっと大きな事故を引き起こしていたかもしれない。

今となって考えれば、最大のミスは、フチを挟む形で観察班を配置したことにあったと思われる。まだ麻酔が十分に覚醒していなかったフチには、対岸の雪崩地の斜面が最も逃げやすく見えたのだろう。ところがそこには、観察班の五人が立っていた。敵愾心に燃えていた彼女は、突進して行った。

フチを挟む形で観察班を配置したことと、地上に人員を置いたことが、彼女を攻撃に駆り立てた原因だったと思われる。

「フチの死を無駄にすまい。フチの死を教訓に、新たなる前進をしよう」

こうして、すべては初めからやりなおしとなった。再び、黙々と檻の設置を続ける日々が続いた。生息数の少ないヒグマの捕獲には檻の数が決め手になる。

この頃になると、捕獲檻はドラムカン式が適していることが明らかになった。入ると、動くことができず消耗も少ないし、襲われる危険も少ない。それに製作が簡単で費用が安い。私は機械リース会社から溶接機を借りてきて檻作りにはげんだ。他の人たちは設置に精を出していた。

檻の設置は、日々、カ、アブ、ヌカカ、ブヨ、ハエ、ダニ、ハチ、ヒル、その他もろもろとの対決でもあった。

六月一七日、目名沢《めなさわ》奥の檻からの信号が途絶えた。ジムニーに乗り、巨大なエゾニュウ、オオイタドリ、オオハナウドをなぎ倒しつつ沢を遡上《そじょう》。無数に生えているエゾニュウにはヒグマの食痕があり、ところどころ草がかきわけられていて、縦横にヒグマ道ができていた。

使用許可のおりた小島さんの銃を先頭に、檻に接近。檻にたどり着くと、あまりのすさまじさに立ちつくしてしまった。檻の入口は落ちていて、後方の地面は深さ四〇センチメートルほどもえぐられている。檻に添わせておいた杭が食いち切られ、周囲の草が乱暴になぎ倒されていた。ヒグマは、檻の外側から餌を取ろうとして穴を掘り、杭をかじったのだ。こんなにまで檻を荒らしたヒグマは、おそらくドラムカンの太さと同じほどの大きさだろう。入った途端に、彼の背中に入口の扉が落ち、そのため逃げられてしまったらしい。

逃げられたとはいえ、反応があるなら希望はある。しかし、この時点で二連式のドラムカン檻では短かすぎることが明らかになった。二連式で捕まったフチの場合は例外と見なければならない。

すでに三三個の二連式の檻を設置していた。新たな檻の設置を中止して、三連式に切り変えることにした。方針の大転換だ。またまた苦闘の檻作りと設置の作業が始まった。これまでの檻を全部解体し、中間部にドラムカン一本を追加するのである。

初めてヒグマの追跡に成功する

七月八日は満月だった。満月近くになると動物は活発に動くようになる。ツキノワグマでもそうだった。六月の満月の直前にフチが捕まっている。胸騒ぎがする。

七月九日、二つの檻が荒らされた。そして七月一〇日の午後、待望の二頭目が捕まった。翌、一一日、放獣。

このヒグマは、どこかふてくされたような感じで、攻撃もせず頭をかかえているだけだった。フチより顔が丸やかで見やすかった。六五キロの雄だった。道南には小さなヒグマしかいないのだろうかと疑ってしまうほど小さいヒグマだ。長年道南で調査を進めてきた間野勉君に敬意を表し、このヒグマにツトムくんと命名。

追跡が始まった。この時期のツトムはあまり動かなかった。

渡島半島に生息するヒグマは、半島のくびれた部分にある黒松内《くろまつない》という所で北への進出を阻まれている。渡島半島に生息するヒグマは北の方のヒグマと交流のない、孤立した個体群なのだ。したがって半島の最南端で放獣したとしても、最大約一二〇キロぐらいしか移動できない。このことはいくらか私たちに安心感を与えてくれる。

発達した林道やブル道が尾根に続いているため追跡しやすいのだが、そこは山道のこと、道路にガソリンを散布しているかのようにガソリン代がウナギ登りにかさんでしまう。

ちなみに、私たちは期間中、最終的に五頭のヒグマを捕獲したが、北大ヒグマ研も過去に一頭捕獲している。北大ヒグマ研がこれまでに費やした分と、今回の私たちの費用を合計すると、労力や機材の購入費などで最低三、〇〇〇万円は下らないだろうと見られている。四、〇〇〇万円という説もある。とすると、一頭当り最低でも五〇〇〇万円はかかっていることになる。これは、日本ではトキに次ぐ〝高価〟な動物である。ていねいに追わなくてはならない。

ツトムが行動している付近には、何組もの下刈り作業員が入っていた。

「怖くないか？」と聞くと「いたずらさえしなければ大丈夫さ。出てもかまわネもの……」といたって平然としている。彼らの方が、ヒグマのことはよく知っているかもしれない。事実、彼らはその年、もう数回もヒグマと顔を合わせているということだ。

ツトムからの信号は絶えることがなかった。彼は、斜面の裸地や沢を歩いていた。夏の間、草本類の多い沢に居つくのはツキノワグマと同じようだ。

数日後、小島さんたちが見通しのよい植林地ではっきりとツトムの姿を目撃した。植林地内で、ツ

▲雌のヒグマ、キヨコ。
四七キログラムの軽さだった。
しかし、この年、キヨコは
すでに交尾していたことが
検査でわかった。
▼大ヒグマ、サトシの
体重測定の風景。
六人でやっと持ち上げた。
調査には
多くの人々の協力が必要だ。

トムはのんびりと身をさらし、歩いていた。地表にあるノーゴイチゴか何かを食べていたものと思われる。日の当る斜面のあちこちに、ノーゴイチゴの赤い実を食べた跡があった。ヒグマは、あの巨体で、小さな実を拾い食いできる器用さを持っているのだ。

ヒグマも同じ地域を重複して利用する

八月一〇日、再び満月。そろそろの予感がする。一一日、痩せた雌ヒグマを捕獲。北大農学部獣医学科の山本聖子さんにちなみキヨコと名づける。

キヨコは、これがまた小さな雌ヒグマで四七キロしかなかった。ドラムカンの檻の中は、キヨコがかき集めた土と糞尿と、汗、そしてハチミツでどろどろの状態だった。周辺には甘いような苦いような臭いが漂っていた。

本当に道南には、小さいヒグマしかいないのだろうか。キヨコは、すでに交尾していることが検査によって確認された。この軽量で出産が可能なのだろうか。おそらく初産だとは思うが、大きな子ヒグマを産んで欲しい。ビニールシートに寝かせ、年齢査定のために第三前臼歯《ぜんきゅうし》を抜歯したり、血液を採取したり、肛門に手を入れての糞採取をしたりする。何となく気の毒に思えてくる。

痩せているのに、手だけは大きくて不釣合だ。体色は茶色に近いこげ茶色。どうも私には色のついた哺乳類はしっくりこない。もう少し落ち着いた体色なら、もう少し、可愛いと思うかもしれない。本来が草原性のヒグマにとって、茶色はいわゆる保護色なのだろう。一方、森林の暗がりに住むツキノワグマには黒がむいているのかもしれない。三頭目の捕獲ともなると、皆の仕事ぶりに落ち着きが見られる。

キヨコとツトムは、九月上旬まで移動が少なかった。まだ草本類が主な食べ物で、沢すじで十分なのだろう。本来広い草原に住むヒグマは大きい行動圏を持つと聞いていたが、豊かな道南の森では、採食のために大きな移動をする必要がないのだろうか。

夏期、二頭ともおよそ一、〇〇〇ヘクタールの範囲でしか行動しなかった。しかも、二頭の行動圏がかなり重複している。こんなせまい範囲で、いったい何をしているのだろう。

これだと、ツキノワグマと同じくらいの行動圏だ。本土と同じような生息環境の道南では、体重が同じだと、ヒグマもツキノワグマと同じ程度の行動圏しか持たないのだろうか。雄大な追跡を期待していたのに、これでは期待はずれだ。

ところで、ヒグマやツキノワグマの調査に携わっている人間は、この恐ろしい猛獣を心の深層でどのように感じているのだろうか。実は、調査期間中の夜、「お化け屋敷遊び」などをして過ごしたのだが、それは、集落のはずれにある無人の白い洋館に行き、状況を無線で実況中継するというものだった。まだこの洋館の事情を知らない「脅かされ役」の学生を送り出した後、「脅かし役」が出動して楽しむのだが、途中、小島さんがゴムホースを使って、ヒグマの鳴き真似をして脅かすのがミソだった。この遊びの結論は、「上級生ほど先に逃げ出す」ということであった。下級生だと「逃げてはいけません。背を向けると襲われます」と、教えられた通りに踏んばってしまう。下級生ほど上級生の教えを守り、上級生はすでにヒグマの実際の恐ろしさを十分に知っているということだろう。

秋、彼らの動きが活発になる

八月二四日。赤井川《あかい》の檻の発信機が信号を停止した。行って見ると、付近に大型個体の足跡が無数に残されていた。急ぎ三連式に作り変えた。

二五日、再び発信を停止した。小島さんと間野君が見回りに行く。偵察に行った小島さんが「二頭入っている」と首をかしげて報告した。それほど大きいヒグマだった。間野君は驚喜し、泣き出さんばかりだった。

「巨大ヒグマ捕まる」の報に、皆、わきたった。なるほど巨大なヒグマであった。今回の仕事の目的の半分を果たしたように思えた。

待望の大ヒグマは一六五キロあった。冬には太って二〇〇キロを越えるだろう。

この雄ヒグマは太すぎてドラムカンの中でUターンもできず、腹ばいになって前後に進むのがやっとだった。頭の先がドラムカンの一方の端にあり、足の先はもう一方の端に見える。そのため小島さんが二頭いると錯覚したのだ。ドラムカン檻全体がはち切れるほどにふくらんで、たわんでいた。接合部分が破れそうだ。見る者すべてを驚かせ興奮させた。

麻酔をして引き出す。赤褐色の悪魔が全体像を現わした。

（キムンカムイ〈山の神〉よ、畏敬《いけい》の友よ、永遠に君を我が胸に刻まん）

体に比べ大きすぎる前足が目を引く。これで土を掘り、ドングリをかき集め、繊細に魚を獲るのだ。

それぞれの指には、厚く丸い肉の盛り上がりがある。これを指球《しきゅう》という。それが異常に大きい。これがあるため、音を立てずに近づくことができるのだ。毛はつやつやして栄養状態はよさそうだ。

睾丸が、これまた大きい。メークインというジャガイモほどある。

ツキノワグマの丸い温和な顔を見慣れた私には、どうしてもヒグマの顔は凶悪に映った。だが、このヒグマは違っていた。顔のまずさ？　を補ってあまりある全体の雄大さがあった。

やっと「ヒグマ」に巡り会えた、という実感が涌き上がってくるのを覚えた。

獣医グループがバイオプシー検査と呼ばれる恐ろしいことを始めた。このヒグマの成熟具合を調べる方法である。極太の注射針の先に、超小型の鋏《はさみ》状の器具がついていて、これを睾丸の中心部に向かって刺し入れ、組織を少し取るのだ。

これには、完全に麻酔しているとはいえ、さしもの王者も体を震わせ、手を突っ張り、苦痛の体がありありだ。

取り囲んでいた男たちも思わず前を押さえた。獣医グループの次世代をになう山本聖子さんがやると、組織片がうまく取れずに、四回、五回と刺し直した。

「もう助けてやったら！」とヒグマに悲痛な同情が集まってしまう。彼女は再び私たちを驚かせた。ヒグマの肛門に肘《ひじ》まで手を入れて糞をつかみ取ったのだ。さすが獣医、アゴが外れるほど驚いたものだ。獣医グループが充実しているのは北大ヒグマ研の強みである。生理・解剖面で弱い点が私たちの泣きどころである。

クマは親指が一番小さい。私は昔、親指が外側に付いているものだと信じて疑わなかった。実際、著名な学者の著書にそのような記述があった。物をつかむ必要がない動物なら、親指が小指より小さくてもさしつかえない。小指が大きければ、地面との接触面積が大きくて安定することになるだろう。体重を測るのに、六人でも間に合わなかった。担ぎ棒を高く上げても、ヒグマの背中が地面に着いてしまう。頭胴長一七五・〇センチメートル、体重一六五キロ。すさまじい野生味は小島聡さんとあい通じるところがあるということで、サトシと命名することになった。

九月中旬。ヒグマたちにようやく動きが出てきた。夏の草本類食から、次第にドングリ類などの堅果食へと移ってきたのだ。

ミズナラ、コナラ、ブナなどのドングリ類、オニグルミの堅果、サルナシ、マタタビなどの漿果が熟し、夏に活動していた所から、それらのある場所へと移動し出したのだ。

ヒグマとツキノワグマでは、草本類、昆虫食の部分では、食性がよく似ている。彼らは胃内に繊維質を効率よく分解する微生物を持っていないので、ほとんど未消化で排泄される。そのため、栄養分を摂取するのにセリ科植物や漿果類などの多汁質のものや、ドングリ類などの炭水化物を多く含むものを大量に取り入れなければならない。

ヒグマとツキノワグマの食性の違いは、肉食の強さである。ツキノワグマも機会さえあれば相当肉食への嗜好は強いと思われるが、本土では、サケやマスの遡上する河川が少なく、かといってシカやカモシカを捕殺する能力もない。結局、雪崩や闘争で死んだ腐肉をあさる程度である。

ヒグマは、かなり肉食が強いが、それでも総摂取食物に対する割合は、越冬中を除き一年を通して体積で一〇%以内だと言われている。北海道では明治以降開発が進み、特に戦後は河川に多くの堰堤《えんてい》ができ、河口付近でサケの養殖事業が活発になるにつれ、川にサケが遡上する機会が少なくなった。今日、ヒグマがサケを捕獲できる河川は知床《しれとこ》半島ぐらいにしかないだろうと言われている。

ヒグマは腐肉食が強く、見るに耐えないほどの腐った鹿や、海獣をあさることがある。戦前、まだ土葬の風習が残っていた地域では、墓があばかれ死体をあさられたことがあったという。ヒグマを追跡していて、私たちは「ヒグマの糞にだけはなりたくないなあ」とよく言ったものだ。

九月中旬以降、サトシ、ツトム、キヨコの動きが活発になり、追跡も困難の度を強めてきた。そろそろセスナロケーションが必要になってきたようだ。

ところが、意外にもツトムとサトシは近くの沢にいることが分かった。ツトムは捕獲地点から一五キロ近くも移動して来ていたのだ。この沢は漿果類が多く生えている豊かな沢で、せまい範囲に四個の檻が置いてある。六月から翌年三月までに、そのうちの三個の檻が荒され、逃げられている。

一〇月六日、ツトムが再び檻に入った。

同じ日、ツラツラ沢の檻で、五番目のヒグマ、ツネアキが捕まった。

ところで、近年、ヒグマの事故例は山林労働従事者、狩猟者、山菜採りの人などでその大半が占められている。狩猟者はそれ自体反撃を受けるのが当然のことだから言及しないが、山林労働者、山菜採りなどの場合は被害防止に努めれば、かなり事故は減少するものと思われる。

登別クマ牧場の前田菜穂子氏は、道内の被害調査や、海外の被害防止法の紹介を行なっていて注目される。その一例が、クマ防御スプレーであり、私もこの普及を望みたいと思っている。

一一月、彼らの姿を見失う

一〇月一〇日、セスナロケーションを行なう。ツネアキは、放獣地点からさほど動いていない。道南はもう晩秋である。眼下の森々は赤や黄色の錦で彩られていた。ツネアキがいると思われる付近に小麦粉の袋の口を開け、投下した。袋は白く細い尾を引きながら落ちていった。しかし風に流されどこに落ちたか分からない。冬期にクマの越冬穴を探すのに、投下した色素を頼りに地上から接近できるかどうかの実験であった。

キヨコは大千軒岳近くの、標高差が三〇〇メートルもある大きな崖の沢にいた。大豊作のミズナラやコナラのドングリをあさっているのだろうか。

獣医グループは、この夏、キヨコに交尾があったことを確認している。二月頃、出産が期待される。キヨコとツトムは、同じ時期に捕獲され、場所も近かったことから、交尾相手はツトムだろうと推定された。その話に、間野勉君と山本聖子さんは、なぜか赤くなった。

雌ヒグマであるキヨコの「出産シーン」を見たいと思ったが、北大ヒグマ研は越冬生態が乱されると反対だった。彼らは、かつて越冬中のヒグマに発信機を装着しようとして失敗している。

いずれにしてもヒグマは、ほとんどの場合土穴を使うので、ふさぐのは無理だろう。岩穴は入口が不整形で、ふさぐ方法はないし、土穴も入口の周辺が軟弱で崩れやすく、ツキノワグマのような作業手順では越冬生態の観察は難しい。ハンターの話によると、ヒグマは越冬に入る直前に、周辺からササや枯れ草を集めて、中に敷き入れるという。ツキノワグマの樹洞の越冬穴は割合と乾燥しているが、ヒグマの土穴は湿気がこもらないものだろうか。

セスナ機で渡島半島を探し回り、結局サトシは松前《まつまえ》町の側にいた。ツトムは、石崎部落の二〇〇メートル近くまで接近していた。海岸から五〇〇メートルぐらいの所で、カシワやカエデ、ヤマモミジなどの森には餌になるような木はないはずだが、なぜここにいるのだろう。

一一月からは木々が落葉し見通しが良くなる。越冬前に活動するヒグマの様子をぜひ観察しておきたい。ところが一〇月下旬、彼らを発見できなくなってしまった。再度、組織的な追跡が開始された。まもなくキヨコだけは発見できたが、ツネアキ、ツトム、サトシの行方は依然として分からない。

もう狩猟期に入っており、上ノ国町管内でも何頭かのヒグマが射殺されたという情報が入ってきた。射殺されたヒグマからいろいろなことを調べている間野君は、そのたびに悔しさをかみしめながら状況を聞きにハンターの家へ足を運んで行った。間野君はいつも「まさかアイツらが殺《や》られたのでは」という疑念を持っていたに違いない。

私がアキレスやココを射殺された時の悔しさと同じ悔しさを、彼も味わわなければならないのだろうか。疑っていればハンターとの間に軋轢が生じるし、これまでつちかってきた良い関係が崩れてしまう。「どうしようもないこと」があるものである。

位置が分からなければ観察もできない。私はこれまでになく必死に探した。林道という林道に入り込みアンテナを回したが、結局探せなかった。オレたちが探せないということは、つまりこの付近にはいないのだと本気になって考えたものだ。おかげで、道南の山々の状態がよく分かった。本州ではブナの伐採が問題になっているが、北海道のブナ伐採問題に誰も手をつける人がいないのは不思議だ。道南の森は豊かだが、動物が見えないのはどうしたことか。

ヒグマ、キタキツネの足跡は沢山あるが、エゾクロテン、エゾタヌキ、エゾリス、エゾユキウサギ、エゾライチョウなどの足跡がきわめて少ない。一年間の滞在だけでは結論めいたことは言えないが、動物の足跡がないことは寂しいことだ。

整備された道南の林道をほとんどカバーしたはずだったが、一五日間探しても、追跡しているヒグマたちは発見できなかった。すでに越冬に入った可能性もないとは言えない。すでに何回か雪が降っていて、大千軒岳には三〇センチメートルくらいの積雪がある。上の国町にも雪が散らつく季節である。

それとも、大きく移動したのだろうか。例えば一〇〇キロとか一五〇キロとか北上し、ヒグマの本場である遊楽部岳《ゆうらっぷだけ》や狩場《かりば》山地へと移動したのだろうか。ヒグマが二〇〇キロも移動したというような話はよく聞くが、実際のところはどうなのだろう。サトシが一〇〇キロも移動したのなら、それはそれで面白い。

各ヒグマの行動圏は、間野君が現在解析中だが、私が思っていたよりは大きくないようだ。やはり道南のヒグマは森林に適応したグループで、草原や単純な植生の針葉樹林に住むヒグマとは、行動圏の広がりが大分違うようである。道南は、植生が複雑多岐で、ヒグマにとって恵まれた環境なのだろう。

やはり、サトシ、ツネアキ、ツトムは見つからなかった。私たちはキヨコにかけて、追った。キヨコは、大きな沢の斜面に確かにいる。しかし、沢は低木が入り組み、見通しがきかない。メーターの振れから、一〇〇メートルぐらい離れた所にいるらしいのだが、こういった所での接触は危険だ。どこかに隠れていて襲われても何の不思議もない環境だ。過去の事故例でも、よくあるパターンだ。せっかく接近しながら、その日はやむなく撤退しなければならなかった。

翌日、再度キヨコに接近して行った。ブルトーザーが作業しているほんの五〇メートル先に潜んでいた。エンジンのような連続的な音はさして気にならないのだろうか。そこには大粒のドングリがびっしりと落ちている。まるでドングリの絨毯《じゅうたん》だった。ヒグマにとって、道南の森は、確かに豊かで満ち足りた環境であることがはっきりと分かった。彼女は越冬前、ここで最後の飽食《ほうしょく》をしていたのだ。

食のブナ林、住のヒノキ林

一二月一〇日、納豆屋のKさんのセスナ機を借りて再度セスナロケーションを行なうことになった。Kさんが言うには、三人しか乗れないと言う。なぜだろう、四人乗りなのに？　Kさんが言うには、重いからだそうだ。何だか怖そうな話である。Kさん自身もかなり緊張していたようだ。

結局、見つかったのは、ツネアキとキヨコだけだった。ツトム、サトシはどこへ行ったか。セスナ機はかなり広範囲にフライトし、ヒグマの移動能力から考えてほとんどをカバーしていたはずだが、それでも見つからなかった。キヨコは大千軒岳近くの、カミソリの刃のような崖にいた。だとすれば、キヨコへの接近、追跡には無理がある。

ツネアキに重点を置いて追跡しよう。ツネアキは江差町《えさしちょう》の海岸近くにいた。海岸近くは雪が少なく、まだ活動している可能性がある。

一帯はヒノキの産地として知られている。地名からして檜山郡《ひやまぐん》というくらいだ。

ヒノキ林は鬱閉《うっぺい》していて、ブナ林とはまったく異なる雰囲気を持っている。しかし、越冬穴に適する岩場と、暖かさを保つ風通しの悪さを持っている環境だ。道南では「食のブナ林、住のヒノキ林」となるだろうか。

ツネアキからの信号は、彼がまだ動いていることを示していた。大千軒岳では、すでにキヨコが越冬に入ったようである。海岸線に近い雪の少ないここでは、まだツネアキは活動していたのだ。多くは樹洞に越冬するツキノワグマは、比較的早く越冬に入る。この点が土穴に越冬するヒグマとの相違の一つであるかもしれない。

一一日、セスナロケーションの成果をふまえて〝ヒグマの巣〟とおぼしきトド沢に入って行った。銃もなしで、裸同然で彼らの巣窟に入り込んだのだ。沢を少し登り、ヒノキ林に入った。

今すぐ、そこからもここからもヒグマが飛び出して来そうな感じだ。森のどこを見回しても、越冬穴になりそうな岩のウロ、ヒノキのウロが目に入る。それは、一歩踏み出すごとにある。一歩踏み出し二歩下がる行進が続いた。

「尾根サ、出たほうがよい。これはアブネ雰囲気だ」

小島さんがささやいた。五月頃は、ホイッスルを吹き、声を出して沢に入って行ったものだ。今日は、皆、声も出ない。

ほぼ沢全体が見渡せる尾根に出た。高低差は三〇〇メートルぐらいだろうか。周辺の尾根が密に入り組み、ヒグマの隠れ家としては最上の場所である。ツネアキは、このどこかにいる。他のヒグマの足跡も沢山ある。信号は入るのだ。盆地状の沢のため、電波の反射が多く方位が取れない。すぐ真下のようでもあるし、五〇〇メートル先の崖のようにも思える。

「来年からは間野ちゃん一人でやってかなきゃならないんだよ。オレたちはもう手伝えないんだから」

私は、弁当を食いながら間野君に言った。

「やります。たとえ一人でもやらなくちゃ。五匹も捕獲したのですから、追わなくては責任を放棄したことになります」

彼は少年のように決心を述べていた。

この日、ツネアキの概略の位置を確認しただけで、翌日、再度アタックすることにした。

一二日も、ツネアキのいると思われるヒノキの森を見渡せる尾根に取りついた。登る途中、大ヒグマのホットな足跡を発見して、緊張する。しかも、数十秒、いや数分前の足跡だった。尾根を登りきり、沢に入る。と、受信機がにわかにツネアキの存在を知らせた。そして、とうとう足跡を発見したのだ。ツネアキの足跡は沢の奥へと伸びていて、慌てふためいて走るツネアキの表情が目に浮かぶ。追跡する私たちにすでに気がついているらしい。

翌、一三日、一〇時半、TVカメラマンのMさんは一〇〇メートル隔てた向かいの斜面にほんの一瞬、ツネアキの姿を見たと言う。幻影でなければよいが。この日もとうとうツネアキに接触できずに終わった。

一四日は朝から雪が降り続いた。疲れが見え始めた私たちは、最後の攻勢をかけた。雪の降りしきる山中にブラインドを張り、向かいのヒノキ林の急崖に期待のレンズを向けていた。

一一時半、その時がやっと来た。ヒノキの斜面に、ツネアキが悠然と姿を現わした。そして、ドングリでも探しているのだろうか、前足で雪をかくような仕草をした。次いで、ツネアキが背を伸ばしたなと思ったら、太い木を手前に大きく引き寄せて、何かを採食した。木にからんだサルナシだろうか。

TVのカメラが回った。失敗は許されない。このために、一年近く頑張ってきた。カメラマンのMさんの肩に、皆の祈りが集中した。

数分して、ツネアキは、突然、はじけるように斜面の下に向かって走り出した。そして、あっと言うまにヒノキの林に消えてしまった。あの慌てぶりでは、他の大ヒグマとでも接触したのだろう。

「一分二〇秒でした」

Mさんは静かに言い、安堵《あんど》の溜息を一つ、ついた。おそらく彼にとっても涙の一分二〇秒だったに違いない。

わずかの時間であったが、それでもあの白い世界に躍動したヒグマの像を、私は永遠に忘れない。この一年、私たちは何を求めたのだったろうか。立場によって求める夢は違っていたろう。しかし汗の中に希望と夢を追ったことだけは確かだった。それぞれの立場で最善を尽くした。得たものは一〇〇パーセントではなかったかもしれないが、一二〇パーセントの努力だけはしたつもりだ。ふと、そ

▲サトシが生理学的な検査を受けている。

んな感傷がよぎった。

このツネアキの追跡で、私の北海道でのヒグマ調査の仕事は終わった。一九八八年(昭和六三年)の新春、私たちは雪の北海道を後にし、活動の場を再び秋田に移すことになった。私がヒグマを追うことは、もうないだろう。

二頭の雌に子グマが産まれた

さて私には、まだ課題が残っていた。出産の状況を、再度確認したい。

昨年、すなわち一九八七年(昭和六二年)の一月から三月まで、五頭の雌に出産が見られなかった。その前年の堅果植物の不作が主な原因だろうと思われる。

あるいは、クマは隔年《かくねん》に出産すると言われているが、もしかしたらいずれの雌も出産のない年に当たっていたのだろうか。いずれにしても、子グマの鳴き声が聞こえなかったことは寂しい。

一九八八年(昭和六三年)三月一五日、北海道から帰った私と小島さんと館山君は、幹線林道から最も近いアラレP2のいるらしい尾根に取りついた。そこは、植林後一〇年ほどのスギの植林地だ。

スギの植林地を越冬場所に選ぶ場合、たいていは倒木か天然スギの大きな伐根の中である。それは入口が大きく、だから接近する私たちに気づいたら瞬時に攻撃される危険性がある。

斜面に生えている樹高七〜八メートルのスギの木のうち、四本の皮が激しく剝がされているのが目に入った。まるでバナナの皮でも剝いだように四方に垂れ下がっていて、一目でクマのしわざと分かる。アラレＰ２は、穴に入る前、この木の皮を剝いだのだろう。

これは、クマが自己の存在を示す一種のマーキングで、クマハギと呼ばれる行動である。関東より南では、アカマツ、カラマツ、ヒノキなどの植栽林にクマハギが多く見られ、かなり深刻な問題になっている。しかし、東北では目立ったクマハギ問題は見られない。その理由はよく分かっていないが、同じ樹種でも東北のそれは、含まれるクマの好む芳香成分が少ないのではないかと言われている。

さて、この四本のスギに囲まれるようにして、雪の盛り上がりがあった。形から見て、スギの伐根であろう。しかし、入口が真上にあるのか、それとも脇にあるのか、推測がつかない。

もし入口の形が不整なら、棒を何本も格子状に当てがおう。平面なら、金網をかぶせよう。そう決めて五メートルまで近づいた。

「キャーキャー。」

鋭い鳴き声が聞こえて来た。

「子グマだ！」

三人は無言で笑った。しかし、子グマがいるということは、危険と隣り合わせの接近行だ。用心深く、私と小島さんが伐根の上に上がった。そして、谷側に身を乗り出し、雪の解けている部分を覗いた。ぽっかりと黒い空間が見える。クマの汗臭さとともに、子グマの「ググググッ！」というなり声が聞こえて来る。

入口は平面的である。金網一枚でぴたりとふさぐことができそうだ。小島さんが上から金網をそっと降ろす。私は側面に回った。そして、満身の力で金網を固定した。ペンチ、丸太、ノコギリ、カナヅチ！　と罵声が飛びかい、アラレP2は完全に伐根の中に封入された。

やっとの思いで入口をふさいだのだが、しかし物音は子グマの鳴き声だけだった。サーチライトで暗い中を覗いてみる。アラレP2は、体を丸くして無心に眠りこけていた。そして、何と、アラレP2の体の上では、四つの光る目が動き回っていた。二頭の子グマが生まれていたのだ。

「出産シーン」には間に合わなかったが、しかし、とうとう長年の夢、無垢《むく》の子グマの姿を間近に見ることができたのだ。子グマたちの目は、体に似ず大きくて、輝いていた。

子グマは、母グマの体に登ろうとしては転げ落ちた。そのうち、一頭のチビグマが何を感違いしたのか、中を覗き込んでいる私の方へ寄って来て鼻を差し出した。ライトに照らされたチビグマの鼻先はつやつやとぬれて、生気を放っていた。

見ると、すでに、胸には白い立派な月の輪を飾っているではないか。私の胸に熱いものが込み上げて来た。チビよ！　森の王になってくれよ……。

その後、オシンにも出産のあったことが確認された。オシンの越冬穴は天然スギの根の部分の空洞で、オシンの体が一部外にはみ出していた。茂みの隙間から覗いていたのだが、時々オシンが顔を出すため、それ以上の接近はできなかった。二頭の幼体を連れていたが、性別の確認まではいたらなかった。

一昨年の秋には堅果植物が不作で、昨年には、私たちが観察した五頭の雌に出産がなかった。その年の秋は堅果植物が豊作で、今年三月、二頭の雌に出産が確認された。ということは、やはりクマの繁殖は堅果植物の豊凶に規定されているのだ。その思いが私の胸の中でかなり確かなものとなってきた。

クマは距離をへだてて越冬する

一九八八年（昭和六三年）の秋は、東北から北陸にかけて、堅果植物を含めてクマの好む食餌植物全体が不作で、その影響か山形県では三人がクマにより死亡しているし、各地で異常出没が目立った。しからば、一九八九年（平成元年）の春、どの個体かが出産するだろうか。興味が持たれる。

この年新しく捕獲した個体は、雄ではペリセウス、アトラス、ブルータスで、いずれもゴン級の八〇キロ近い大物ばかりである。雌では、若いルナと途中で首輪が落ちてしまったアフロ、それに六年前に捕獲され放獣したあのアラレの計六頭であった。

そして、引き続き追跡していた個体は、雄ではケンサクだけで、雌ではババメコ、オシン、カコ、アラレP2であった。

この年の春になって行方が分からなくなっていたナウシカは、翌年の四月二二日、巻狩りにあい、捕獲地点からわずか一キロしか離れていない地点で射殺された。

あの、私たちに初めてクマの越冬中の姿を見せてくれた雌グマのナウシカは、残雪を血に染めて沢にすべり落ちて行ったという。クマの生き様を身をもって教えてくれたナウシカの冥福《めいふく》を祈りたい。

再度捕まったアラレは、たくましい雌に変身していた。体重は六年前の二五キロから六六キロに、頭胴長は九二センチメートルから一四三センチメートルに増加していた。当時、アラレには大きすぎた首輪が、今、激しく首に食い込んで出血していた。心が痛んだ。これまで使用した中で最も軽い三九〇グラムの首輪に変えた。

首輪を回収して無記号で放獣したいのはやまやまだが、しかし、こういう古い来歴が分かっているクマほど貴重な情報を提供してくれる。

この年の秋、堅果食物が不作だったとはいえ秋田県ではクマたちの動きに特に変わった点は見られなかった。すでに述べたように、クマが減っていて動きが目立たなかったという危惧は十分にある。

冬は早くやって来た。一〇月三日には早くも太平山山頂が白くなり、一〇月二九日には標高三〇〇メートル以上に降雪があった。これには秋田に来て二〇回目の冬を迎える私も驚いた。例年より二週間は早い。長期予報では、今年の冬は厳しくなりそうだと言っていた。ところが一二月になると一転して暖冬になり、一、二月には記録的という言葉で表現されるほどの大暖冬となった。気象台は苦しい言い訳をさかんに流していた。

例年、太平山の中腹が雪におおわれる頃までに、追跡グマたちに大きな動きがあるものだ。ところがこの年、太平山の峰々に囲まれた馬蹄形の森に帰って来るクマたちは少なかった。特に雄が少なかった。

年が明けた一九八九年（平成元年）一月二九日、セスナロケーションを行なってみて驚いた。太平山の東側の沢で雄三頭が集中して越冬していることが確認されたのだ。その範囲は一キロメートル×一キロメートルで、雄グマの行動能力からいってそれは「雑居」と言える状態だ。

だいたい、クマの越冬穴の分布を見ると、お互いにきれいに等距離の間隔を持ち、離れている。それは雄も雌も関係なく離れていて、これまでの観察では、その距離はおよそ一キロメートルほどである。また、内部まで観察した二五個（越冬初期に利用した分を含めると三二個）の越冬穴は、いずれも二度と利用されることはなかった。ただし、又鬼などによると、しばしば同じ穴が使われると言われているし、アラレの例のように、冬期に同じ穴に戻って来る例はある。

採食する場所は重複しても、越冬場所だけは干渉を受けないように、間隔を置いて入るのだろうと思っていた。一キロメートル×一キロメートルの範囲に三頭の越冬とは、まさに「雄の谷」と言えるほどの近さである。驚きであったと同時に、まだまだ未知なることの多いことを知らされた。この太平山の東側の沢は接近しにくい場所で、越冬穴の形態を見てみたかったが、春、ヘリコプターでも利用して接近し、植生や地形を調べて見よう。

前の年、二頭の雌の越冬穴しか覗けなかった。今年は、気を取り直して、すべての雌の越冬穴をチェックしたい。

やはり、継続は力である。クマを追跡している私に自慢のできることがあるとすれば、それは、この繁殖の有無の自らの目による確認のはずだ。大暖冬のおかげで、私たちの行動はおおむね順調に進んだ。

越冬中、クマはどんな動きをするか

一九八九年（平成元年）一月一五日、まずルナの穴に向かった。ルナは、幹線林道から四〇〇メートルぐらい入った所で越冬している。そこへ行くには、途中、旭《あさひ》川を渡らねばならない。冬の川でこけるのは辛いので、長いアルミ梯子を渡し、その上に厚いベニア板を張って、まず橋を作ってから接近を試みた。

ルナのいるらしい沢に出て、私と館山君が方探する。やがて天然スギの根元に黒い空洞を見つけた。

「よし、ここだ！」と喜んでいると、後方の細村君が「いえこっちです」と、私たちがすでに通り過ぎて来たミズナラの木の根元を指差している。

まさか、そんな細い木で。直径一メートルもないではないか。入口はどこだというのだ。「あれでは」とまた言う。まさか、あんなせまい所から。直径四〇センチメートル（正確には三九センチメートル）くらいしかない。

私たちはうめいてしまった。確かに、地表から二メートルぐらいの所が異様にふくらんでいる。しかし、ルナの体型をどうあてはめてみても、木の方が細いような感じがする。

アンテナを外した受信機を木にあてると、強烈にメーターが振れた。間違いなしということになった。さっそく持ってきた金網を穴にあてがい、固定する。

中を覗くと、まだ眠けの覚めやらぬルナが目をしばたかせながら見上げていた。ルナは懸命に目を覚まそうとするのだが、眠けに抗しきれずに、前足で頭を抱えて再び寝入ってしまった。

越冬木の位置といい、入口の開き具合といい、絶好の観察条件だ。長期観察しようということでキャンプ地を二〇メートル先に設置した。入口をおおっている金網に超小型ビデオカメラと弱い照明ランプを取り付け、カメラからのケーブルをテントまで引き込んで準備完了である。この日から四月一〇日まで交替で観察を続けた。

これまで、親子グマの長期観察は七年前の四月、小次郎の例があるだけで、他は出産チェックのための短期観察だけだった。

もしルナに出産があるとすれば、一月下旬から二月上旬頃までのはずだ。今からならルナの出産に立会える可能性がある。どうか「出産シーン」を見せてくれ。

真冬のテントの中で生活しながら、モニターテレビの画面を見続ける日々が続いた。ルナは越冬中なので、体を動かすことが少ないのは当然なのだが、その少ない動きの中で、ちょっとでも変わった動きがあると「すわっ、出産か」と、慌ててモニターに皆の視線が集中する。

日々、モニターテレビの画面を見続けていて、ほとほとクマの忍耐強さには呆れてしまった。

だいたい、捕獲時の頭胴長が一二三センチメートル、胴囲が七九センチメートルのルナが、越冬木のふくらみが最大直径一二〇センチメートル（内部にはメジャーが入らず、床面直径は九〇センチメートルぐらいか）、天井までの高さ九〇センチメートルぐらいの所に入っているのだから窮屈のきわみだろう。越冬穴の内部は、寝ている床面が斜め三〇度ぐらいに傾いている。しかもせまくて、体の七〇パーセントぐらいしか収容できない。

例えが悪いが越冬穴の内部の構造は病人が使う尿瓶《しびん》に似ている。土管状に縦に長いことと狭いことで、土管に添って縦に寝たり逆になって寝たりするのだが、時間がたち眠りが深くなると筋肉が弛緩してくるのか体がずり落ち、下の方に体が圧縮され、つまったようになってくることがある。

すると、ようよう苦しくなり、また体を伸ばして体勢を整える。日々これの繰り返しである。

▲ルナの越冬穴をふさいだ直後。完全に寝入っていて物音がしない。

ルナは小さいから（秋の放獣時三五キロ、観察時は五〇キロくらいか）、小さ目の越冬穴を選んだのは仕方がないとして、もう少し大き目の穴を選ぶべきだったろう。その上、入口は約四五度、上向きに開いている。かなりの雪や雨が穴の内部に入り込む構造になっている。

最もひどいのは、後で述べるオシンの入口で、それは真上に開いていた。そのため、天からの降下物は直接オシンの体へ降りそそいでいた。雪や雨でルナやオシンの体は常にシットリぬれ、黒く光っていた。ちなみに、アラレP2のこの年の場合は、土穴の中を小川が流れていて、春に穴から出た時、体を大きく振って、まるで水泳をし終えたときのようにしずくを切ったものだ。クマは、越冬期の悪条件にはとても強い体力と忍耐力を持っているようだ。

ルナがせまい所にぴったり入っていることと内部の奥行きがないために、モニターがとらえる範囲はとても狭かった。ルナが最も奥につまった状態でも、ルナの肩から上が写るのがやっとだ。多くの場合、手の平大の範囲しか写らない。背中が写っているとただ真っ黒なだけで、どこの部分か分からなくなる。ルナの乳首ばかりとか、爪先ばかりとかを見続けることが多かった。

動きが少ないといっても、一年中で最も気温が下がる二月にも、ルナは結構体を動かしていた。朝夕に動きが大きく、昼暖かくなった時と真夜中にも動きがあった。朝夕に動くのは、夏の体内リズムが残っているからであろう。真夜中と昼頃動くのは、気温と関係があると思われる。すでにアラレやココで行動の内容をアクトグラム法で解析したとき、冬の朝夕にも動きがあることは述べたが、今、それらのことが再度はっきりと確認されたのだ。二月の動きの特徴は、舌や耳、手足など体の末端の動きは早いのだが、体そのものはゆっくりしているということだ。

越冬中全体を通して最も多い動きは「毛かき」である。その理由は分からないが、血行が悪くなるとか、脂肪を消費して皮がゆるむとかの生理的なものだろうか。後足を主に使い、首筋や背中とか器用に体中をかくことができる。

三月に入って暖かくなると、体の早い動きも加わるようになってきた。さらに、物音などの外界の現象に対する反応も鋭くなってきた。

三月下旬になるとほとんど覚醒していて、体の動きは緩慢ではない。五感も次第に覚醒してくるようである。上空の定期便のジェット音の移動に合わせて、飛行機を目で追うように動かしていくこともある。もちろん、飛行機が見えるわけではないのだが。

キャンプ地の周辺には、私たちの残飯を求めて常連のカラスが数羽、飛来するが、ルナはカラスの鳴く方向に合わせて忙しげに頭を動かすから面白い。

モニターの音声には、いろいろな音が入ってくる。背中をかく音とか、穴の壁面をかく音とか、腹が鳴る音とか、心臓の鼓動までも入ってくる。上を見上げて雨だれの音にじっと聞き入っている様子も、また可愛いものだった。

飼い犬も、寝ている時はいびきをかいたり、さかんに寝言を言ったりするが、クマも野太い声で「ゴッ、ゴッ」とか「モグモグ」とか、表現しにくいクマ語を繰り返しうめいていたのには驚いた。

それらの動きを見ていると、日々毎日、単調ながら、ルナは穴の狭さとか、暗さ、寒さ、孤独を結構楽しんでいるのではないかというような暖かみが感じられた。

結局、ルナには出産がなく、四月一〇日、越冬を終え、再び自然に旅立って行った。しかし、ルナが越冬を終えたとき、ちょっとした事件があったことも書いておかなければなるまい。

再び越冬グマに襲われる

ルナが穴から出る時、私と小島さんが襲われたのである。私たちの油断であった。

その日の午後、入口をおおっている金網をはずしてやったのだが、三時間たってもルナは出てこようとしない。私たちの存在が気になるのだろうか。それとも夜を待って出て行こうとしているのか。金網をはずした時点ではルナは元気だったから、事故は考えられない。何かにつっかえて出てこられないのかもしれない。

つい軽い気持で、私は右手にクマ防御スプレーを持って、小島さんは無防備で、越冬木に近づいて行った。私は背のびして入口をうかがった。すると、ルナが入口に鼻先を乗せ、視線をこちらに向けているではないか。私は、とっさに身を縮めた。その時すでに、ルナは三分の一ほども身を乗り出していた。

「クマが出たあ！」

私は周囲に隠れていた調査員や撮影班に向かって叫んだ。ルナは、穴から出て来るやいなや、私がセットしておいたカメラの三脚に体当りし、逆上して「ガッ」と吠えた。そして、それに一撃を加えて私たち二人に向かって来た。途中、一瞬立ち止まり、私が地面に置いておいたザックに鼻を付けるそぶりを見せた。これが無害の物だと分かると、再び私たちを追い始めた。

これらおよびこれからの状況は三台のテレビカメラにばっちりと撮影されていた。後で再生してみると、ルナが穴から出た瞬間から逃走するまで、たった五秒間の出来事だった。人間、五秒間で何ができるだろう。私は、最初の一秒で「クマが出たあ！」と叫び、走り出した。次の一秒で、尾根の上方五メートルまで逃げていた。小島さんは三メートル先にいた。

次の一秒で振り返り、クマ防御スプレーの安全ピンを外し、周囲にバリヤーを張るための噴射を行なった。

ルナは三メートルまで来た。私はこの時、きわめて冷静だった。ルナの黒くぬれた鼻先がよく見えた。ルナの鼻先に向かって連続して噴射を行なった（防御スプレーは約四秒間しか噴射できない）。ルナの鼻先が黄色に染まった。ルナの動きはいくらか鈍くなったが、まだしかし不思議そうな顔をして向かって来る。

もうルナは一メートル先まで来ている。私はブナの大木を抱きかかえるようにして回り込み、精一杯腕を伸ばしてスプレーをルナの鼻先につけんばかりに吹きかけた。ルナはたまらず立ち止まり、不思議そうに私を見ていた。私のことを大きな「カメムシ」とでも思ったのだろうか。ここで私は沢をすべり落ちてしまい、ルナの視界から急に消えてしまうことになった。仕方なく、ルナは向きを変え、今度は小島さんに向かって行った。今度は小島さんが慌てた。彼は何も武器になるものを持っていない。手近の枯れ枝を雪の中から引き出そうとしたら、これが地面に凍りついていてビクともしない。これで時間を食って、小島さんはルナにだいぶ追いつかれてしまった。

絶対絶命！。ところが、ルナは何を思ったのか、小島さんの五メートルほど手前でクルリと向きを変え、尾根の方に行ってしまった。このシーンがすべて見事に撮影されていて、後に放映されて、私たちは大恥をかくはめとなった。

以前、雄のゴンに襲われた時、アメリカ人の写真家テリーに逐一撮影されたのと同じである。いつも恥をかく時は皆に見られていて、情けない。

ビデオを見ると、ルナに襲われている最中、私も小島さんも大声で笑いながら逃げている。恐怖が笑いに変わる〝転移行動〟がまたしても出たのだ。

せまい入口をどのようにして入るか

二月五日、ルナの観察の合い間をぬってカコの越冬場所に向かった。四時間もラッセルしてたどり着いた。しかし、五メートルの範囲だとは思うのだが、穴の位置が特定できない。

細村君は、倒れかかったブナの木の根元だと言う。しかし、根上がりの部分なのか、あるいはその下の斜面に土穴があるのか、二メートルの積雪では特定できない。残念だが、カコは、春になって出て来るところを観察することにしよう。

カコの穴探しに時間がかかって、帰りはもう日が西に傾いていた。カコの場所から尾根ぞいに一〇〇メートルほど下った所に、根元が異様にふくらんだ天然スギがそびえていた。しかも、地上二メートルぐらいの所に直径四〇センチメートルばかりの穴が天空に向かって開いている。その穴は、今、ほぼ全面に雪をかぶっているが、しかし穴をおおっている雪には直径一〇センチメートルばかりの小穴が開いている。しかも、小穴の縁は灰色に汚れている。

これを見た瞬間、私たちは、このスギの木にはクマが入っていると目で合図を送りあった。ナウシカの時もそうだったが、越冬しているクマの吐く息で雪の縁が解けて汚れているのである。

金網を、小島さんが一気に繰り出した。ところが、穴をふさいでも物音が何もしない。小島さんがサーチライトで暗い穴の中を照らした。やはりクマが入っていた。中を覗くと、クマは首を深く腹の中に抱え込むようにして寝入っていた。

クマの首には首輪があった。しかし、電波は出ていない。これまで放獣したクマで、もう電池が切れてしかもまだ射殺されていないクマは六頭いた。首輪の形状やベルトの留め金の形状からオシンであることはすぐに分かった。二頭の雌がこんなに接近して越冬したのは初めてのケースだ。しかも、先に述べた「雄の谷」は大きな尾根を隔ててはいるが約一・五キロしか離れていない。例年にない近さで多くのクマが越冬している。

早すぎた降雪が「ある程度の距離を隔てて越冬する」という原則を忘れさせたのだろうか。

内部をよく見ると、数条の光が差し込んでいる。どこか外壁に薄い部分があるらしい。周囲を点検すると大きいもので直径五センチメートル、小さいものでは数センチメートルの穴が二個あった。こんな所から手でも出されたらたまらない。木の栓をしてふさいでしまった。

越冬穴の内部は、形の良いとっくり型をしていて十分な広さがあった。後に計測したら、入口の直径は四四センチメートル、床面直径二二五センチメートル、高さ一四二センチメートルで、やはり入口は真上に開いていた。そのせいでオシンの体には薄く雪が積もっていて、こちらまで寒さを覚えてしまう。オシンは、三年前の再捕獲当時でさえ、胴囲が八五センチメートルあった。そのクマが、入口の直径が四四センチメートルしかない穴にどうして入ったのだろうか。

まして、一昨年の二月には巾一四・五センチメートルの入口から入って越冬していた経歴がある。悩んでしまう命題だ。クマは肩の関節がない構造であるためにできる技なのだろうか。穴から出るクマは沢山見たが、入る状況はまだ見たことがない。これも今後の大きな課題だ。

しかしオシンの越冬穴の内部は二頭分くらいの広さがある。出産の可能性があるかもしれない。そこで、カコの越冬地点まで約八〇メートル、オシンの越冬穴まで約四〇メートルの地点にキャンプを設置し長期観察することにした。ルナの場合と同じに、オシンの越冬穴にも小型テレビカメラや照明ランプなどをセットし、ケーブルをテントまで引き込んだ。ルナとオシンの二面観察となったのだ。この観察地点は標高七二〇メートルの位置にある。ちょうど天然スギからブナ林に変わる境界にあたっている。気候は厳しいが、眼下には秋田市の夜景が広がっていて美しい。

テントに設置されたモニターテレビにはオシンの全身が写し出されている。標高三五〇メートルのルナより動きは格段に少なかった。ただただ寝入っているばかりだ。眠りの深さは、気温と関係するのだろう。オシンは、体を丸め、頭を内懐《うちぶところ》に突っ込むようにして寝ていた。雪がその体を刺し貫くように降りそそいでいた。それは幻想的でさえあった。

オシンに降り積もった雪は溶けたり凍りついたりを繰り返したらしく、亀の甲模様の雪の板が背に沢山はりついていた。内部の床面には天然スギの木の粉や大小の木のクズが一メートル近く積もっていて暖かそうだが、降りそそぐ雪や雨には困らないのだろうか。

ところが、観察を始めて五日目の二月一〇日の一六時一五分、それまでわりと静かであったオシンが、突然起き上がり、うなり声を発しながら、穴の内部の尾根側の床面を、猛烈な勢いで掘り始めたのだ。画面に土や木クズが降りそそぎ、一〇分ほどしてモニターの画面からオシンの姿が消えてしまった。同時に音声も途絶えた。

オシンが外に出たのだ。これには観察していた二人の調査員も驚いた。テント地点から四〇メートルしか離れていない。高価な機材だけを慌てて背負って、足音を忍ばせ、腰まである雪の中を這うように遁走《とんそう》した。

二日後に行って見ると、何と、私たちが作業するための狭い足場に大穴が開いていた。木の上方の入口の他に、穴の内部から続く別の出口があったのだ。この出口は雪でまったく分からなかった。よく作業中に出てこなかったものだとオシンに感謝したものだ。

カコの出産

さてその後、アラレP2、ババメコ、アラレの越冬穴も観察したのだが、結局、出産は見られなかった。残りは、雪の下のカコだけである。すでに多くのクマたちが越冬を終了した四月一六日から観察を始めてみた。しかし、カコの越冬穴周辺はまだ完全に雪におおわれていて、二〇日まで待っても動きはなかった。

五月五日から再び観察を続けた。気温が上昇するにつれ、あちこちの急斜面でしばしば雪崩が起こった。カコの越冬穴は、ブナの木の根元であることが分かった。

七日の一二時五五分、越冬穴の入口付近の草むらから、黒い石のようなものが転げるように飛び出してきた。対岸の急斜面に張り付くようにして観察していた五人が一様に「子グマだ！」と声を発した。しかし、黒いかたまりはすぐに穴の中に引っ込んでしまった。

一六時六分、再び子グマがよたよたと出てきた。子グマは前足の裏をなめ、体を震わせると、再び穴の中に消えてしまった。

八日、九日。カコ親子は姿を現わさず。

一〇日の一四時二八分、二頭の子グマが顔を出した。一頭の子グマの月の輪は、太くてなめらかな形をしていた。しかし、もう一頭の月の輪はぎざぎざしていて不整形で、しかも、胴体の左右は毛が抜け落ちて大きなハゲになっていた。性別が分からないまま一方を「ハゲ」、もう一方を「ヨタ」と単純な動機で呼ぶことにした。いずれにしても二頭とも、まだ弱々しい。まだ自然に旅立つことはおぼつかない。一二日、いったん観察を中止した。

五月二五日、再び観察を開始した。もうマンサクは散り、ブナの葉が茂っていた。越冬穴は葉かげからやっと見える状態だった。

一二時八分、二頭の子グマが同時に穴から出て来た。二頭とも、実に動きが活発になり、不思議そうにクロモジやコナラの若葉を口に含んだり、臭いをかいだりしている。

ヨタはもう十分に外界の気配をかぎ取れるようで、自慢げに鼻を突き出しては天を仰いでいた。七年前の四月、あの小次郎親子の母グマが越冬終了近くに鼻を天に突き出して周囲をうかがっていた行動に似ている。

ハゲの方は、まだ毛がぼさぼさで、二個所のハゲもそのままだった。動きも鈍かった。

五月二六日一五時一五分、二頭の子グマとともに、ついにカコがのそりと巨体を現わした。何とたくましいことか！　子供を持った母グマのたくましさに思わず眩《まぶ》しさを覚えたものだ。柔らかに重なりあうブナの若葉の隙間から、二頭の幼い子グマの姿が見え隠れする。ふと、これまでクマを追い続けてきた激しいほどの疲れが和らぐのを覚えた。

あらためてクマの保護を訴える

ここまで、まだまだ分からないことが多いながらも、私なりに情熱を傾けたクマの追跡の記録を述べてきた。

ここに、一九八八年（昭和六三年）は、ミズナラが、一九八六年（昭和六一年）以上に、空前の不作であったという調査がある。

一九八九年（平成元年）の春、六頭の雌を観察したが、カコ以外には出産がなかった。次回に報告する時、やはり、前年は堅果植物が不作であったため、今年もやはり出産がありませんでしたと報告しなければならないのだろうか。

「堅果植物が不作→クマの出産はない」という図式は何を物語っているのだろう。もちろん、木そのものが持っている豊凶の周期性はあるだろう。気候的要因もあるだろう。だが、そこに人為《じんい》は加わっていないだろうか。自然の改変とか大気の異変などの影響はないだろうか。すでに述べた大量射殺の影響は出ていないものだろうか。

近年、オゾン層の破壊とか、地球的規模の温暖化とか、酸性雨とか、正直なところ一介の「クマ追い」にはどう対処すればよいのか判断に苦しむ問題がクローズアップされている。

私はこれまで、一〇〇頭の動物を助けるためには一頭の犠牲を最大限に活かすということを信条としてクマの調査を進めてきた。そして結局、秋田県において、一九八六年（昭和六一年）から一九九〇年（平成二年）にかけて、二九頭のクマに発信機つきの首輪を、一頭には耳標を付けることができた。なかには、そのために苦しんだクマもいたことだろう。檻で捕獲され、麻酔を打たれ、首輪をぶら下げられ、おまけに越冬中の寝姿まで覗かれたのだから不愉快きわまりなかったろう。これまでつきあってくれたクマたちを通して、必ずや彼らのためになるような発言をしなければ、私につきあってくれたクマたちに申し分けがない。

ヒグマは、力強くたくましかった。ツキノワグマは柔らかく、暖かく、繊細だった。ツキノワグマは、九州では絶滅する可能性が高い。四国、紀伊半島、中国地方、下北半島では個体群が孤立し隔離され、その前途はやはり危険な状態だ。

ババメコ、ルナ、オシン、カコ、アラレP2、ゴンたちの住める森は残るのだろうか。

彼らの本当の姿を知り、保護を訴えていかなければならない。私たちは子供たちに、クマを、森を、そのまま手渡す義務がある。

子供たちに「お父さんたちは何も残してくれなかった！」と言わせてはならない。

あとがき

まだまだ、書きたいことは沢山ある。とりわけ、まだ十分には知られていない越冬生態についての観察記録や、さらには捕獲状況、捕獲地点のことなどについて、意を尽くせたとは思えない。手元には、ここに記載できなかった多くの資料が残っている。何時の日か、また発表の機会もあることだろう。

ここに述べたことは、とてもクマのすべてではない。いまだよく知られざる野生のクマの姿の一端を紹介したにすぎないが、同時に、本書が、クマによる被害を未然に防ぐための参考になってくれれば、それで私の目的は達せられたことになる。

クマの被害に会わないために、五つの提案をしておこう。1から順に大事であるが、実際的には5が最も重要だろう。

1・冬、植林地に入るな。大グマがいる。

2・水流の激しい沢では、また風雨の強い日には、お互いに物音が聞こえない。高齢者はとりわけ注意。

3・山菜とりに夢中になるな。クマも夢中で食べている。

4・春にはブナ林（広葉樹林）、夏には沢、秋には広葉樹林にクマはいる。

5・出会わないのが一番だ。笛や鈴を鳴らし、ラジオをつけよ。クマは人より耳がよい。

さて、環境庁では一九九〇年（平成二年）から、再度ツキノワグマの調査を開始した。絶滅の恐れのある九州、四国、西中国、紀伊半島、下北半島のうち、まず西中国地方の状況を調査することになった。そこでは、個体群が孤立して分布していて、遠からず危険な状態になることが予想される。現在、タイタン、サターンという二頭の雄グマを追っているが、彼らの行動圏はさほど広くないようである。今後、雌も捕獲し、繁殖生態、また、暖かい地方のクマがどのような越冬場所を選択するか、といったことも調査する予定である。

秋田でも調査は継続されているが、次第に発信機のバッテリー切れが起こり、現在、追跡可能なものは一三頭となった。今後は古い来歴がよく分かっている個体が再捕獲された場合にのみ発信機を再装着し、それ以外は首輪の回収に努めたいと思っている。

筆を置くにあたって思うことは、いかに多くの友人に助けられたかということである。小島聡さん、本当にお世話になりました。舘山峰夫君、細村幹夫君、平井雄介君、上田有利君、柿沼幸夫君、危険な目にばかり会わせました。中村孝也君、佐藤満君、佐藤一彦君、加賀谷修君、長い間ありがとう。平沼満君、藤川真治君、南祐輔君、進藤一宏君、柿崎均君、丹野高雄君、渡辺和彦君、油川龍一郎君、佐藤正尚君、川辺攻君、川村敬三君、金沢毅君、高橋力也君、土淵滋央君、檻運びや追跡、御苦労様。加賀屋勉さん、青木充さん、千田公一君、西尾幹治君、無線によるサポート、成謝しています。日本野生生物研究センターの米田政明氏、文化庁記念物課の花井正光氏には調査の指導をたまわりました。東北大学名誉教授の加藤陸奥雄氏には「クマの前に森を見よ」とさとされ、数々の暖かい御鞭撻とともに私の人生に大きな励ましを与えて下さいました。北海道大学農学部の阿部永助教授、同付属天塩演習林(現和歌山演習林)の青井俊樹助手には、自然保護、クマ学について、多くの御教示をいただきました。その他、本当に大勢の方々に、御世話になりました。ありがとうございました。お一人お一人のお顔をまぶたの中に浮かべつつ、心からお礼の気持ちを申し述べます。(一九九一年五月)

その後、西中国地方にて

その年の秋深く、私は生涯忘れることのできない光景にぶつかった。一九九一年、広島県のある町でのことである。

役場が、檻の中のオスグマを射殺するという。私はその場に立ち会うことになった。その町では、その年、すでに有害獣駆除ということで三頭のクマが射殺されていた。その前年も、そしてその前の年も、ずっと同じようなことが繰り返されていた。

頼まれたハンターは、檻の中のクマを撃つなど……と嫌がっていた。ある老ハンターは、

「ワシは檻の中のクマを撃つ鉄砲は持っとらん」

とつぶやいた。役場が決めたことなら射殺するのも仕方がないか、私はそんな思いで溜め息とともに立ち会った。

「頭を撃つと剝製にならんけ、首を撃つ」

ハンターが自嘲気味に小さく笑った。

ズッバーン、やがて火の矢が放たれた。しばし、白い時間が流れた。

目を小さく開けてみる。クマはまだ立っていた。思いもかけないほどのおびただしい赤い奔流《ほんりゅう》が、首からほとばしり出ている。生暖かい流れが彼の足下を濡らし、地面に広がり、そして砂に滲み込む。

続いて起こった光景は、我がクマ追い人生の中で、決して忘れられない、決して忘れてはならない、胸を突く光景であった。

彼は、己《おのれ》の死を前にして、地面に広がった我が赤い血を、それが運命であるかのように、弱々しく

西中国地方調査地略図

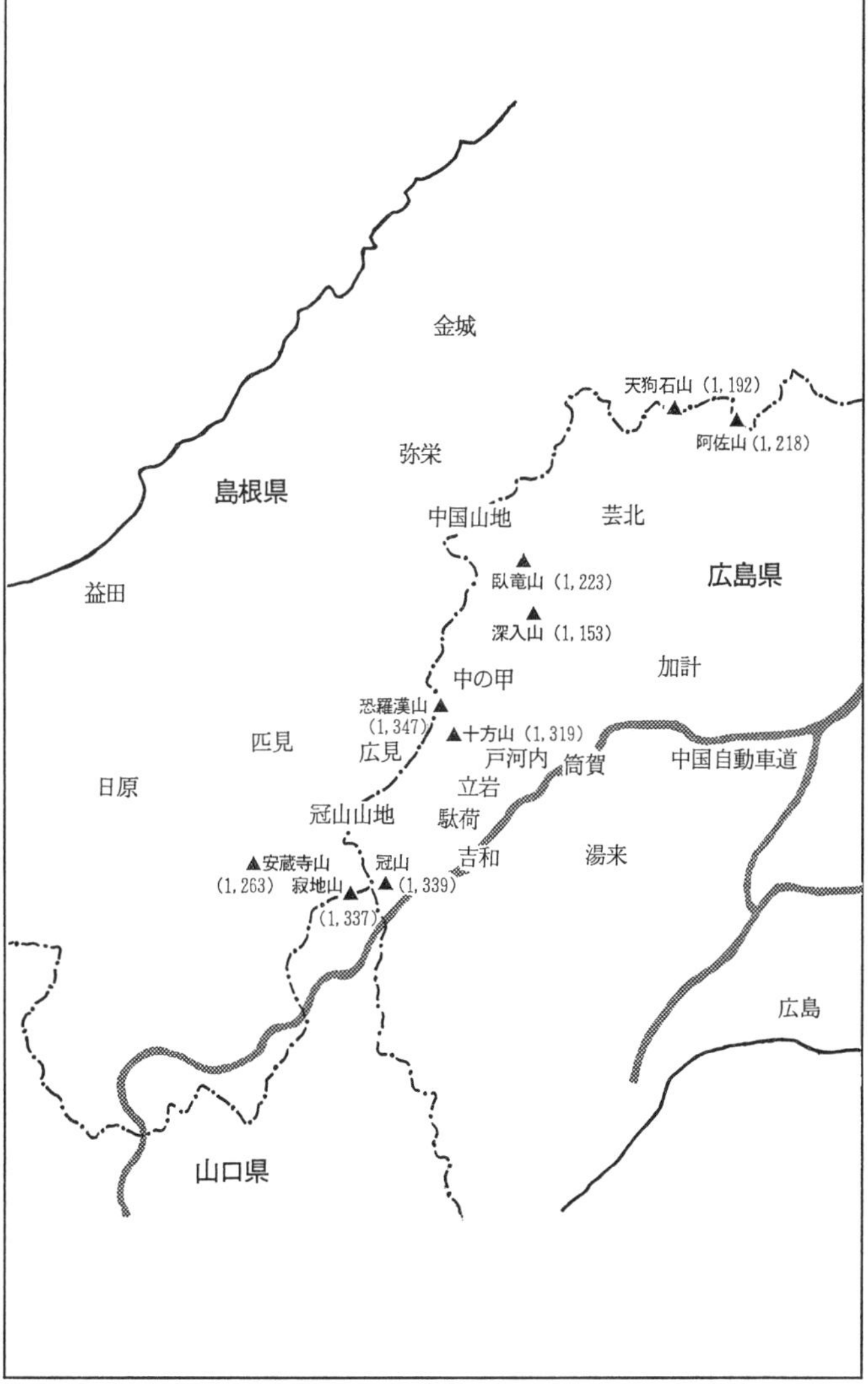

金城
天狗石山（1,192）
阿佐山（1,218）
弥栄
島根県
中国山地
芸北
臥竜山（1,223）
広島県
益田
深入山（1,153）
加計
中の甲
恐羅漢山
（1,347）
十方山（1,319）
匹見
広見
戸河内
筒賀
中国自動車道
日原
立岩
冠山山地
駄荷
安蔵寺山
（1,263）
冠山
寂地山
（1,339）
（1,337）
吉和
湯来
広島
山口県

嘗《な》め始めたのだ。

「ピチャ、ピチャ……」

それは、失われつつある我が命を再び我が体内に引き戻そうとしているかのようであった。自分に何が起こったのか知ることもなく、やがて彼は前足をガクッと折ると、大地に吸い込まれるように体を沈めた。野生に君臨しただろう彼の輝きは徐々に失せ、全身の毛が力なく縮んでいった。目に、もう光はなかった。

死に逝《ゆ》く刹那《せつな》、彼の魂はきっと自由の山野を飛翔《ひしょう》したに違いない。人は彼のことをケダモノと呼ぶが、その荘厳な死に私の胸は締めつけられた。そして、己の心を〝非力〟という鞭《むち》が打ちすえた。

「もういい！　このやり方は、違う！」

何か違う方策を模索しなければと考えに沈む日々が続いた。

近畿圏を含め西日本では、クマの個体群は各地で孤立し、南の方から徐々に、確実に絶滅地域が広がってきている。

九州では、戦前からすでに絶滅状態にあり、戦後の森林開発が影響したものではないと考えられる。一九八七年一二月、三八年ぶりに大分県でクマが射殺されたが、このクマについて、胃内の細菌に抗生物質の汚染がないことから少なくとも四〜五年は野生下にあっただろうとする意見と、歯の摩《ま》耗《もう》が著しいことから飼育された経験を持つクマだろうと、二つの推論が併記された。結局、九州での生息はすでに絶望的だとする意見が多く、その後、生息の確証もない。

四国では、戦後の森林開発で個体数が減少し、同時にそれにともなってクマの植林への皮剝《かわは》ぎが発生し、駆除に補助金がついたことから彼らは急速に減少した。徳島県の剣山《つるぎさん》地《ち》を中心に、現在二〇〜三〇頭と推測され、打つ手が見い出せない状態にある。

紀伊半島では、三重、奈良、和歌山の三県にまたがる地域で生息が確認されているが、広い地域にわたって林業が盛んで広葉樹が少なく、そのため生息数は全体で一五〇頭前後と推測されている。

東中国では、鳥取、兵庫、岡山の三県にまたがる氷《ひょう》ノ山《せん》地域を中心として二〇〇頭前後が生息すると推定されている。ここでは果樹への被害が多いことが特徴だ。

さて、西中国、すなわち広島、島根、山口の三県にまたがる地域でクマの生息数が減少した理由は何だろうか。歴史的事実は次の四点である。一、西中国ではここ一〇〜一五年の間にクマがしばしば集落へ出て来るようになった。二、それまでは山奥で少数発見されるだけだった。三、昭和三〇年代に拡大造林が盛んに行なわれた。四、昭和四〇年代から過疎化が進んだ。

西中国地方は古来から戦前にいたるまでたたら製錬《せいれん》（大きなふいごによる鉄製錬）が盛んで、木炭が大量に必要なため、広葉樹の再生産が戦前までは行なわれてきた経緯がある。広葉樹は、戦後も、まがりなりにも残ってきた。

ここ五年、私は西中国の山奥に住み、この地のクマを見続けてきた。そして、彼らが衰退した理由を私なりに考えてみた。すなわち、まず第一段階として、山奥に少数残っていたクマが戦後の拡大造林により、集落周辺へと押し出された。そして第二段階目。過疎化が進み、人影の少ない、だが生産力の大きな、すなわちクマにとって豊富な食物のある集落跡や廃村へと依存するクマが増えた。そのため、昭和五〇年代の一時期、クマの繁殖が進んだ。三段階目の昭和五〇年代以降、しばしば集落とクマに軋轢《あつれき》が生じ、そのため密猟され、また養蜂《ようほう》への害のために駆除され、さらにはイノシシワナにかかり捕獲されるなどして、次第にその数が減少していった。

この私の推論は事実とは違っているかも知れないが、一応の参考意見として、以下、西中国での話を聞いてもらいたい。

今、私は広島県山県郡芸北《げいほく》町に居を構え、広島、島根、山口県にまたがる西中国山地と呼ばれる地域のクマを調査している。

ここでの生息数は三〇〇頭前後と推定されている。そして、氷ノ山を中心とした鳥取、兵庫、岡山の三県にまたがる東中国山地の分布とは大きく離れた完全な孤立個体群となっている。

残念ながら西中国地方のクマも大きな歴史的流れの中で見れば、絶滅からは逃れられない運命にあるのかも知れない。とはいえ、ただ手をこまねいて絶滅を待つだけでいいのだろうか。四国、中国地方など日本の南に住むクマは、温暖な気候のせいで越冬期間が短いか、しない可能性もあるなど、南に住むクマの特殊な生態について調べておく必要もあるだろう。幸い、西中国山地は国定公園に指定されており、比較的良好な自然林がまだ残されているのだ。

広島県では吉和《よしわ》村、戸河内《とごうち》町、芸北町、島根県では匹見《ひきみ》町が主な調査地である。調査地域には十《じゅっ》方山《ぽうさん》（一、三一九メートル）、恐羅漢山《おそらかんざん》（一、三四七メートル）、三県の県境が交差する冠山《かんむりやま》（一、三三九メートル）などがある。中国地方には低い山が多いが、それでも標高七〇〇メートルを越えると東北地方と同じくブナやミズナラが見られ、森の様子が似てくる。このことがクマが生き残ってこられた理由の一つだと思われる。ただし山麓ではカシ類、アセビ、シイ、アオキ、ツバキなどの常緑の植物が多く、東北地方と全く異なる。

ちなみに、これらの山地から流れ下る川が太田川《おおたがわ》で、この川のデルタ地帯に発達したのが広島市である。この川は開発され尽くされた川で、流域には多くのダム、堰堤《えんてい》、発電所が点在する。送水管が尾根筋を行くことから「太田川は山の上を流れている」と自嘲気味に言う人もある。

この地域でのクマ問題の特徴は、生息数が少ないのに被害が多岐にわたり、そのため〝有害駆除〟が確実に進行しているという悪循環に陥っていることだ。広島県では果樹、畑、残飯に対しての被害が多く、島根県では養蜂や、人家に寄生したスズメバチ類、ニホンミツバチを襲うことによる人家破壊の被害が多い。

また、西中国ではイノシシによる被害も多く、その有害駆除、狩猟のためにワイヤートラップが用いられており、錯誤で多数のクマが捕獲され、ヤミで処理されてきただろうとも推定されている。

クマ絶滅の恐れがあるうえ、被害も深刻な西中国での方策を探るために、環境庁は、一九九〇年から「野生鳥獣による農林産物被害防止等を目的とした個体群管理手法及び防止技術に関する研究」と題し、調査を開始した。

そこでまず、腰の軽い「秋田クマ研究グループ」の私たちに西中国でのクマ問題を把握してこいとの白羽の矢が立ったのだった。そして私自身は次第にミイラ取りがミイラとなり、結局、股旅のクマ追い人はとうとうこの地にワラジを脱ぐ羽目になったのである。

一九九〇年八月、私と小島聡さん、館山峰夫君、平井雄介君は、ヒグマ調査で北海道に渡った時と同じく、期待と不安を胸に、クマ追いに疲れ切った私のランドクルーザーでヨロヨロと日本海側を南下していた。

車には、家財道具、調査道具とともに、ドラムカン檻の鉄扉部分が一五個も山積みされている。それらは屋根のキャリヤーにまではみ出し、まさに、もの悲しい放浪者の風体だ。

島根県の益田市に入り、県庁の出先機関に挨拶する。島根県では、この事務所の管内が一番被害が大きいらしい。担当者はしきりに養蜂被害のことを訴える。

「環境庁はクマをホゴする……のではなかでっショウ」

初めて聞く島根弁の意味がところどころ飲み込めない。保護か？　反古か？　そういえば私も以前、秋田県庁自然ホゴ課に勤務していたことはあるが。

山脈を越え、広島県吉和村役場にたどり着く。人口は八〇〇人だと後で聞いたが、その時、担当のT係長は九〇〇人だと胸を張っていた。このT係長には、その後、いろいろとお世話になり、結局私がこの地に定着するキッカケを作った人だ。

その時、雪国からエアコンのない車で来たものだから、全員が短パンに上半身裸同然といういで立ちだった。

「クマの……」と切り出すと、すかさず、「クマはやれんのう」と太鼓腹を押し出しての拒否反応が返ってきた。

「先月、ニワトリを襲ったんじゃけ」と、ますますすごい話になっていく。

「この調査は、クマを捕まえデ、首輪を付けデ、放スて、追って、……」と油汗をぬぐいぬぐい秋田弁で説明する。

「放して!?」

何やら怪しい雲行きだ。「奥地でやりまシから」と早々に逃げ出した。

続いて隣りの戸河内町役場に行った。担当のK主事のクマ講釈を三時間二〇分ばかり、かしこまって聞いた。彼は、クマをどうにかしたいと強く思っているのだが、しかし広島市という大都会を背景とした保護論と実際の被害者である農山村との対立という図式の中にあって、自らの立場に苦慮しているという話が中心だった。実際、戸河内町では年に数頭は有害駆除ということで殺してきたらしい。彼の苦悩は十分に理解できた。

近隣の町村を回ってみると、確かに人家近くのカキの木やクリの木はどれもこれも例外なく盆栽《ぼんさい》のように枝が短くなっていて、そこにクマ棚ができている。

果樹のない春先と晩秋、民家の残飯を漁りに出るクマ。養鶏場の屋根を破り、イタチの真似事よろしくニワトリを食べるクマ。秋には、人家の屋根を歩き、カキを楽しむクマなど、驚く話ばかりであった。

養豚場の飼料サイロのレバーを自分で操作して開け、中の飼料を食べてブタのように太ったクマは、後に射殺されたとき、血抜きの計測で一五〇キロもあったという。体重はもう立派にブタのそれである。

大都市の繁栄は、一方で農山村の荒廃をもたらし過疎を生んだ。若い人手を失った山村では、林業不況とも重なって山が荒れている。

悪いことに中国地方では、山の一つ一つのヒダのような沢にも集落があり、クマの生活圏と住民の生活圏とが重なりあっている。被害の多い典型的な集落の風景は、おおむね次のようなものである。まず、集落の周囲は切り立った斜面で囲まれていて、石垣を積んだ田畑がその斜面を洗濯板状に切り刻んでいる。そして、集落を竹林と、カシ、シイなどの照葉樹林が覆いかぶさるように取り囲み、ワラ屋根の家々がその風景に溶け込んでいる。家の回りには、カキ、クリ、モモ、ウメの木などが植えてある。そして、狭い段々畑をお年寄りが耕している……。

クマは、カキやクリを大変好む。近年、これらの果樹は食べる者もなく、切り倒せばほとんど解決するのだが、先祖伝来の果樹ゆえ切ることもできない。廃村がクマを養っているという過疎化の現実は、鳥獣害の解決をより難しくしているといえる。

自動車整備工場で溶接機を借り、ドラムカンを調達して一五台の檻を完成させると、人知れず山奥に運んだ。

嫌なことにスズメバチやマムシが多い。見ると、ジャージーのほつれた穴に五匹の小さなクロスズメバチが群がって刺している。

激痛が走る。背に火を負って走った。町立病院に転げ込む。患者や看護婦も、誰も私達と目を合わせない。ドラムカンの黒い油と汗にまみれたボロボロの服姿だ。無理もない。

土曜日の昼下がり、一二時二五分。若い医者は、腕時計のガラスを擦り擦り焦っている。広島市からの通いのお医者様だろうか。

助けてくださいよ！

「三時までバイタルがあったら大丈夫だ」

看護婦に、自信ありげに告げている。

「！」

オレにだってバイタル（命）ぐらい分かるぞ！

「針が残っているだろう」と親切そうに刺された部分の皮膚をメスで切り取ってくれた。ミツバチじゃあるまいし、スズメバチは針なんぞ残さないぞ。日記に「今日は切られ損をしました」と怒りの言葉を書きつけた。


山奥に檻を設置し終えて捕獲を待った。だが、なかなか捕まらない。焦った。近隣の町村では有害駆除ということでかなりの数を殺していることが分かった。山奥にはいないのだろうか。

神頼みがきき九月三〇日にオスのサターンが捕まった。大きい。広島のクマは秋田のものより大きい。暖かくて越冬期間が短く、それだけ食い込みが多いせいでこんなに大きくなるのだろうか。

続いて一〇月一一日にオスのタイタンが捕まった。この二頭は、山奥で捕まり、里には近寄らないクマだった。山奥で行動し、越冬地点は天然広葉樹の中であった。生態は秋田のクマと同じであった。

一年目の調査では生息状況の把握に努めた。そして、山奥での生息が少なく、集落周辺に多いという生息のドーナツ化現象のあることが分かった。

捕獲以降、二頭の現在位置を関係各町村に月報として報告し続けた。このことが、町村担当者の、クマも追跡でき、現在位置を知る方法があるのだという認識へとつながったと思う。

二年目の主なテーマは、生息数が少ないにもかかわらず毎年被害がひどく、そのため有害駆除による捕殺数が多いという悪循環をどこで立ち切るか、という問題であった。そのために必要な方策が「奥地放獣策」なのだ。

捕獲したクマに発信機付きの首輪を装着し、放獣の際にはクマ防御スプレーをさんざ吹きかけ、人里に対して恐怖感を抱かせようという方法だ。奥山移動法は一九八二年に秋田でアトラスとオシンで経験があった。この応用である。

なぜ「奥地放獣」が必要なのかを考えてみよう。

秋田県に生息するクマは四〇〇〇ヘクタールほどの広さを行動すると以前に述べた。ところが、ここ西中国で果樹、飼料、残飯などを飽食しているクマの行動圏は一般的に狭い。特にメスグマのそれは狭い。ということは、例えば広島のクマは島根のクマと互いに交流がないだろうということであり、同時に、それでは近くの山奥にクマが増えていくだけの数が生息しているだろうかという問題も浮上する。

つまり、一年を通して里近くで行動しているようだと、一年を通じて被害が継続し、そのため被害→捕殺の図式が将来とも続き、クマは絶滅へと向かうことになる。

九〇年に捕獲した二頭のオスグマは、たまたま奥山行動型であったが、九一年に集落周辺で捕まった三頭の行動は違っていた。

まず、メスのジェシカは、山間地の集落のカキや人家に巣くったニホンミツバチを渡り歩いた。越冬地点は捕獲地から五〇〇メートルの距離だった。捕獲地点と越冬地点が近いことは、その周囲の環境（この場合は集落）への依存が強いことを意味し、被害が周年継続する。

このジェシカ、当時私が住んでいた廃校のある集落周辺に、いつもいた。夕方、車の前を走り、散歩の時など、愛犬のヨタロウに絡んだ。一夜、小屋下に巣くったミツバチの巣を襲うジェシカを数人の来客とともども車内から観察したこともある。ジェシカは、カメラのストロボにイヤイヤして背中を向け、ハチミツを食べ続けた。当地のクマは、人との間合いの取り方がうまく、逃げない。初めて野生のクマを間近かに見る人もいて、皆、ジェシカの夜の一人舞台を楽しんだものだ。

ジェシカは現在まで、捕獲地点を中心に行動し、「食」と「住」を集落に依存し続けている。いわば完全な集落依存型のクマである。ジェシカは将来に渡って集落に被害を与え続けるだろう。より徹底した被害防除法を発見するための記録（基礎調査用）としたいので放置しているが、それについては今、集落の人たちにおわびを言うしかない。

一方、オスのタイフーンは、戸河内町内の各地の集落を渡り歩き、カキを食べ続け、最後は捕獲地点から四キロ離れた山の奥地の急な崖の中腹で越冬した。これ以後も、タイフーンは「食」は集落に依存し、「住」は山奥に移動するという中間型のクマだった。

もう一頭のオス、ザンパーンは、記念すべきクマだった。

この年、西中国ではカキが豊作で、甘い実を求めて集落周辺に多くのクマが出没していた。そして有害駆除で殺されていた。しかし、殺すだけではこの根深いクマ害の問題は解決しない。今回だけは許そうと考えた町があった。それまではどの町でも、捕まえたクマは全部有害だとして殺していたのだ。

一一月二八日、戸河内町は殺すことを目的として捕まえたクマを、殺さずに山奥へ返し追跡調査を行なおうと決めた。これは、勇気ある決定だった。なにしろ生きたクマを再び野に返すのだから。この記念すべきクマは、結局、集落に戻ることなく、まもなく越冬に入った。

その後、春になり、五月には集落近くにもどって来たが、被害は与えなかった。

だが、秋になり、このザンパーンは一〇月六日、隣町で有害駆除されてしまった。その時、彼の右前足はなかった。イノシシワナにかかって、前足が腐り落ちてしまったようだ。

三年目以降現在まで、この「奥地放獣法」が吉和村、加計《かけ》町、芸北町、湯来《ゆき》町、島根県匹見町へと広がった。これにより、放獣個体による再被害が激減した。

九四年末まで、追跡の延べ頭数（頭数×年数の合計）は八八頭となり、そのうち軽微な再被害を与えたものは二頭である。

三年目の一九九二年の秋には、西中国山地のクマの生態と被害状況を知ってもらおうという意図で、全国クマ専門家会議「第二回　コロキュウム　日本のクマ」を開催した。と同時に一般の人々を対象とした「クマフォーラム'92」をも開催した。これを期に、この地の人々のクマに対する意識もいくらか変わってきたように思う。

この一九九二年度には都合一三頭を追跡した。基礎調査用として六頭、奥地放獣をしたクマは七頭だった。奥地放獣した七頭のうち、オスは二頭で、メスは五頭であった。これは、秋に有害駆除で捕まるのはメスが多く、つまりその時期、出産のためにより多くの餌を必要としていて、集落近くに出没するためである。

一一月一九日にはセスナロケーションを行ない、追っているクマ達の位置を地図上に落としていった。

クマ達が町村の境界や県境などに自由なのは当り前だが、あらためてクマには行政の境界を越えた取り組みが必要だということを感じたものだ。

広域行動の例をいくつかあげてみる。基礎調査分としてオスのシリウスを、奥地放獣分としてユキ、チャーリーの行動を取り上げてみよう。

シリウスは、県境を越えて多くの町村を渡り歩くオスグマの典型だった。秋に吉和村で捕まった後、島根県の匹見町を経て、戸河内町、芸北町、島根県の金城《かなぎ》町、弥栄《やさか》村まで渡り歩き、その後、越冬時期になるとその逆をたどって吉和村にもどってきた。捕獲地点から最遠点は二九キロとなり、秋田での最遠距離を記録したゴンの二一キロよりも遠くへ行った。その後も同じような行動が続いているが、越冬地点となると吉和村の山中の一キロ以内の範囲に落ち着く。

一方、メスグマは、多くの町村を渡り歩く例は少ない。メスは定着性が強く、多くが越冬する一二月までには奥地放獣地域から捕獲された集落周辺まで戻ってきていた。その時には、もうカキもクリも実がなっていないのだが。

メスグマのユキは、広島市の中心部からほど近い湯来町峠部落で捕まり、同町の北端に奥地放獣した。以後、ユキの場合は捕獲地点方向に南下せず、逆に戸河内町方面へと北上し、戸河内町の私が住んでいた山あいの廃校の上に越冬した。この間は約二〇キロである。ユキには、越冬地点から、前年のジェシカとの血縁性が感じられる。

若いオスグマのチャーリーは、九四年夏に戸河内町で捕獲され、同町の放獣地点である中《なか》の甲《こう》へ放された。ところが約一週間後、捕獲地点と反対方向の島根県の日原《にちはら》町まで移動していて、そこで捕獲、射殺された。この間は約四一キロである。これは、これまで経験した最高移動距離である。この例は、若いクマの移動分散様式の一端を表わしていると思われる。

「奥地放獣」したクマによる再被害は激減する。この方法を将来、西中国にクマを残すための切り札とするなら、各々の町村は各々の町村で放したクマが各々の町村へ行くものだということを、お互いに認めあうことが必要になる。そのための痛み、苦しみを各々の町村は分かち合う必要があるだろう。

四年目の一九九三年になると、広島県は「ツキノワグマ保護管理計画」の策定に入り、保護(管理)への流れが決定的となった。

内容の大きな柱は、一、広葉樹の復活および生息地の買上げ（二個所三一〇ヘクタールが買上げ済）。二、有害駆除で捕獲されたクマは原則として奥地放獣とする。三、狩猟の禁止（環境庁告示。一九九四年より西日本）。四、クマの生態の啓発普及。五、被害防除法の研究、となっている。

基礎的なクマのテレメトリー調査法が、奥地放獣という管理の手法へ利用可能となったのである。これにより、西中国山地全体で三〇〇頭前後といわれるツキノワグマの、絶滅に向かっている勢いを少しは止めることが可能となったのだ。


「九州でクマが絶滅して困った者は誰もおらん」

「クマの存在理由は何か」

そのようにしばしば問われる。確かに、クマが絶滅して困った人はいないだろう。だから私は、あえてクマの〝存在理由〟など探す必要はないと思っている。つまり「被害がなければ、この西中国に、クマと人とが共存していることが、すなわち人のあるべき自然な姿だ」と思っている。

そのためにいろいろな被害防除法の研究と、その実証試験を行なっている最中なのだ。これまで各種の実験を重ねてきた結果、例えば樹幹へのトタン囲い、電気柵ははっきり効果のあることが分かった。

また、センサー（侵入感知機）と連動させた犬の鳴き声、超音波、爆竹発火、クマスプレー噴射も効果があった。ただし、定期的に鳴らす爆音機、鳴き声等は慣れてしまって効果がなかった。

電気柵については、クマやイノシシによるリンゴやその他の果樹、養蜂、米作といった経済価値の高いものの被害に対して、そのスポット的侵入を防止するのには適している。しかし、集落全体を囲おうとしたり、侵入遮断柵として用いようとするなら、それはシカにおける岩手県三陸《さんりく》町化、カモシカにおける青森県下北《しもきた》半島化というような財政的負担の泥沼へと陥ることになる。

もちろん「奥地放獣策」にも当初からの問題点があった。西中国に生息する三〇〇頭の一割以上が首輪付きとなってしまったら、それはもはや自然個体群とは言いにくい。

そのため、五年目の九四年には首輪を装着しない方法を試みた。芸北町だけでこの年二〇頭を奥地放獣したが、そのうち発信機を装着したものは七頭で、他は口腔《こうこう》内に入れ墨を行ない、一頭には耳にタッグを装着するにとどめた。

奥地放獣の利点は、再被害が極めて少ない点だ。捕獲されて、防御スプレーをふんだんに浴びて、人間は怖い、カキは怖い、ハチミツは怖いと学習するからだ。この方法は首輪を付けなくても成り立つ。

西中国のように生息数が少ない場合は、人里に近づくと怖いと学習させる方法が一番いいようである。今後、養蜂、リンゴ、残飯などの味を覚えさせた後にクマスプレーを自動噴射して「これらは怖い」と学習させる「クマ・ダメージ・ポイント」のような地点を山中に設置して〝学習〟させていきたいと考えている。

山里で悲痛の声を上げているクマ、サル、シカなどの動物達のためにも、そしてそれ以上に被害におびえる住民の人々のためにも、被害救済をどうするのか、森をどうするのか、その具体的提案をすることこそ、研究者の責務だろうと自戒を込めて思っている。

さて、五年目の一九九四年は、とんでもないことの多い日々であった。クマ追いが「とんでもないこと」とささやくのは、襲われたとか、冷や汗をかいたということだ。

この年、西中国山地の高原部ではクマの出没が多かった。各種の出動要請が広島、島根で七一件にものぼった。

七月七日、七夕の星空なんて関係ないぞと団子だけは買って檻を見回る。檻の発信機が途絶した。いつものことだ、捕まっているのだろう。おっとり刀で檻に急ぐ。

最近、ドラムカン檻の側面の小穴の径を小さくしたため、内部が見えにくいきらいはあったが、それでもクマの頭が入り口の方にあり、足が後方に伸びているのは見て取れた。愛犬ヨタロウは傍らで寝そべっているし、二代目クマ追い犬のカリオは周囲を巡回中である。

鎮静剤をクマの大腿部に集中的に打つ。効いている。確かに。これまで、もう数も分からないほどクマは処理した。効いていると断言できる。足の指も広がっている。間違いなどあるはずがない。

入り口の鉄板扉を一〇センチほど上げる。地面に顔をつけてもまだ中は見えない。二〇センチに上げた。確かに黒いボロキレが見える。もう大丈夫だ。それならと四〇センチ上げた。

ガオーッ、と来た！

ヨタロウが、ワワワッと寄って来る。しまった、効いていないのか！　伸びて来た熊手を思い切り蹴り込み、尻餅をつきつき入り口の扉を落下させた。

なんだ。どういうことだ。どうしたというんだ。もう少しで美男顔を掻き取られるところだったぞ。

動悸が納まって、よくよく見ると、何と中で薬が効いて寝ているクマと、動いているクマがいる。冗談じゃない、こんなことは初めてだ!

この二頭はジェシカ親子で、この親子は前年七月二六日まで穴ごもりしていた。その〝異常さ〟が一年たった今も続いていたのだろうか。ただしその後、役場が設置した檻には親子三頭が入っていたことがあったし、二頭入って底を破って逃げた親子グマもあった。

八月のある夜、一〇時頃「親子で入っているデイ」とお百姓から興奮気味の電話があった。あの役場のドラムカン檻は底が腐っているから、トタンを巻いて針金で縛っておくようにと指示する。だいたい夜中に檻に近づくでない。子が檻に入り、親が外で怒っていたらどうする。聞くと二回も見に行ったという。無事でよかったが、冷や汗ものだ。

朝の四時頃、やっぱり、逃げたでーと役場担当者のネボケ電話が入った。六時に農家に行く。お百姓は相当に機嫌が悪い。見ろや、これを、と指さす。案の定、檻の底には大穴が開いていた。

この年の夏の酷暑にはまいった。スズメバチが大発生して、しがないクマ追いを苦しめる。ハチよけの雨ガッパを着て、網をかぶっての作業なので、熱くて、溜った汗が袖口から水道の蛇口みたいに流れ出る。養蜂へのクマ被害防除法の実証試験中なので、そこには各種のハチ類が集まって来ていて、周囲はまるでハチ類博物館といった感があった。

しゃがんで作業をしていると、背中が何かの雰囲気で重い。振り向くと三〇メートル後方に何やら黒い物体が転がっている(ように見える)。振り向いただけでははっきりしない。向き直って驚いた。クマが、しゃがんで、じっとこちらを眺めていた。

頭の先に火がついたように軽トラックに飛び乗った、乗ろうとした。中にいたヨタロウが飛び出して来たので、かちあって乗れない。しばし、せめぎあった。ヨタロウのやつ、思いついたようにワワッと騒ぎ立て、クマを追いかけ出したのだが、近年、年取ったせいか、どうも感知能力が落ちているようだ。

さて本題だが、この五年間、西中国（広島、島根）で合計四六頭を捕獲し、うち三四頭をテレメトリー追跡して分かったことは、広島県の戸河内町、吉和村で放獣されたクマが島根県の日原町で射殺されたり弥栄村で発見されるなど、つまり両県のクマは互いに行き来し、深い関係にあるということだった。同じクマが、多くの町村で目撃されているのだ。

やはり、西中国山地は一帯（一体）として捉え、島根、山口、広島の三県が同時に保護に取り組んでいく必要があるだろう。そのため一九九四年から環境庁は三県の調整に入り、三県のツキノワグマ対策協議会が持たれている。その成果が期待される。

加えれば、四国での生息地である徳島、高知の両県も県主導の協議会を発足させた。生息推定地の愛媛県も参加することを表明している。

ところで、広島のクマ達がどのような場所で越冬しているか、山に入り、見てみることにした。

結論から言えば、東日本の山地では、越冬には大きな木が利用されているが、森林開発が進んだ西日本では、岩穴、土穴のほうが多いように思われる。

九三年の二月、まず最初に見たのはダイアンという若いメスのものだった。何と、彼女は役場の隣りで越冬していた。一〇〇メートル先には小学校があり、スピーカーが「二年生の皆さんは……」などと呼びかけている。ガソリンスタンドもすぐそばだ。

こんなに集落近くで越冬しているとは思わなかったものだから、いったん山奥を探し、引き返してくる始末だった。三メートルぐらいまで近寄って見ると、そこは太いアカマツの根が上がった空洞になっていて、その穴深くでダイアンは眠っていた。ただし、穴が深すぎて彼女の姿は見えなかったが。

次に見たメスグマのジェシカは、これも道路から三〇メートルほど上のアカマツの根元の空洞だった。深い雪をかき分けて近づくと、ジェシカの、黒い右手が、ほんの先っぽだけ見える。

ジェシカはその後、先にもふれたが七月二六日まで越冬を、いや穴ごもりをした。尋常ではない。アクトグラムは生きていることを示している。今日は出るか、明日は出るかと気をもむ日々が夏まで続いた。出産が遅れたのだろうか。それとも幼体の状態が悪く、出るに出られなかったのだろうか。

六月には、三〇メートル下の道路の水溜まりの水を飲みに降りて来ていた。そこまで、ジェシカ道が真っすぐに草分けされていた。路傍の木イチゴを食べた跡もあった。

七月二〇日頃から穴の周囲二〇メートルほどの範囲を移動しては穴に戻るという日々が続き、七月二七日、とうとう二〇〇メートルほど離れて、やがて尾根の向こうへと消えて行った。やれやれだ。

次はミュウズというメスグマの穴だ。ミュウズは、斜面の中ほどの、木が倒れて根が上がってできた空洞の中にいた。ただし体の三分の一は穴の外に出ていて、四本の足は伸び切っている。一見、くつろいでいるような恰好でいた。

このように、一般的に西中国のクマの越冬場所は入り口が広く、不完全なものが多い。そういえば秋田でも、越冬中のクマが凍傷にかかって毛がバサバサに剝げ落ちたものがいた。

クマは越冬場所の環境の悪さに、とても強い。越冬穴の中に小川が流れ込んでいる場合もあるし、入り口が天に開いているものも多い。降りしきる雪を布団がわりに眠っていることもある。ドングリやクリなどの堅果《かんか》類から得られた皮下脂肪が、彼らを寒さから助け、繁殖に導いているのだ。

クマは「着床遅延《ちゃくしょうちえん》」という現象（二五三頁参照）をへて出産に到るのだが、そのためには秋、堅果類を大量に食べる必要がある。動物達のためには今こそ広葉樹を残す必要があるのだが、なかなか難しい問題もある。

ただ最近、山に野生栗のシバグリを植えて「実はクマにやろう。材は人がもらおう」と考える人が現れてきたのは嬉しい限りだ。荒れた森の問題を解決するには、国民の大きな理解が必要だ。

この地のクマの出没と餌の豊凶《ほうきょう》との相関を見ていけば、ある程度、その年のクマの出没を予想できるだろうと考えたのだが、そうは単純にいかなかった。

広島県にやって来た当初、クマの出没傾向はカキ、クリの出来に左右されると確信して、関係町村や太田川流域のカキ、クリの生産量を継続して調査していた。

これらの年変動から考えて、カキやクリが不作に当る九三年は民家近くにクマが出没するだろうと警告していたのだが、予想は全くのはずれだった。堅果類も不作年に当る見通しだったのだが、前々年の台風の影響でサイクルが変わり（そう考える説が有力だ）、平年作となったのだった。

この年、とりわけ重要な論点となったのは「ミズキの実を大量に摂取して出産に到った」という点だった。一〇月以降、各地で多くのミズキにクマ棚が見られ、しかも糞にはその黒い実が溢れていたのだ。

炭水化物の多い堅果類は、水分の多い漿果《しょうか》類よりも越冬、繁殖に有利なはずだ。が、この年、クマ達は漿果類のミズキをも大量に利用して繁殖に導いていたのだった。

ミズキ、サクラ類などの漿果類に繁殖を頼るようだと、西中国での繁殖は危ういものとなるだろう。本来、生産量、質、種類ともに優れた堅果類がクマにとっての基本食料であることは間違いない。

結果的に、その年、西中国山地の農山村はクマに関しては静かな年であった。そうなると、翌九四年の二月には出産が多いだろうと予想された。

実際、三月、四月と島根県側では越冬中の親子グマを「予察《よさつ》駆除」したことが数度あった。ただし近年になって、島根県側でも、発見即射殺には躊躇《ちゅうちょ》するようになってはきている。有害駆除の実施主体である町村は、専門家や県庁の助言を得たうえ、論議を経て〝駆除〟するようになってきている。

実際、その年、私は何回かの駆除に立ち会った。そして、ある村でもまだ越冬中の親子グマを射殺しようということになった。地元の三週間の論議から得た結論に、どのような異をはさめようか。

この時期、子グマは極端に寒さを嫌う。母グマはそれをよく知っていて、だから決して傍から離れようとはせず、危険はない。

だが、いずれ二メートルでも出歩くようになると、運悪く通り合わせれば襲われる。それはだいたい四月下旬以降のことだ。

総勢一三人が、思い思いに穴の周囲四メートルほどに取り囲んだ。穴は土穴で、母グマの全身が見える。子グマと短い期間だが過ごしたその穴には、ふと生活の温もりが感じられた。

その温もりが、今消えようとしている。野生の怒りを内に押し込め、子グマを内懐《うちぶところ》に抱き続ける母グマの姿は哀れだ。せめて外敵と、人間と戦って果てるなら、野生の誇りも保てように、それもできない。なすがまま撃たれるのだ。

火の光が一条、放たれた。灼熱の鉛球は彼女の眉間《みけん》に小孔を穿《うが》った。無抵抗の野生に、あまりに強烈すぎる人間の技だった。

彼女は一言の抗議もせず、みじろぎもせず、静かに頭を、地面につけた。赤い流れが大地に広がった。

子グマが、チャーチャーと泣いていた。

いつもこういう場面で、私は自分の無力さにさいなまれる。事態を理解しようとするのだが、一方で食い止めることができなかった自分を許せずに情けなかった。

この国には、動物の生きる権利、殺されない権利はあるのだろうか。東日本での春グマ狩りを含め、「予察駆除」という方法は〝過剰防衛〟であり、まずは被害防除法の確立を目指すことこそ文明を持った動物（人間）の有り様ではないのだろうか。

さて、次に述べることは、西中国のクマ達はきわめて特殊な繁殖リズムで種《しゅ》を維持しているのではないかという可能性を示していよう。

一九九二年、調査したクマのうち八頭の年齢を調べてみると、その内訳は七才が四頭、六才が二頭、八才が一頭、二才が一頭であった。すなわち七才前後に集中している。

偶然とは思えないので調べてみると、その八年前、一九八四年には捕獲が少なく、出没もなかった。このことは、おそらく、その年、堅果類か漿果類かが豊作だったか、あるいはそれらが複合的に確保されて、クマ達の繁殖が進んだことを示していよう。つまり、七才のクマが多いということは、翌一九八五年二月には多くのクマが生まれたということだろう。

捕まえた八頭のうち四頭が七才（前後）ということは、すなわち、餌条件の良かった年に生まれた個体だけでこの地のクマ個体群が維持されているのではないかと疑わせる。一九八五年以降一九九一年まで、出産が連続していないように思われるのだ。

これと同じようなことが九三年にも起こった。先にも述べたように、ミズキの大量摂取によって九四年二月（前後）の多くの繁殖につなげたようだ。

この年生まれの子グマは、やがて母グマから分かれ独り立ちする九五、九六年ともなると、若齢グマの特徴である向こう見ずで、好奇心に溢れた、怖いもの知らずのクマとして、各所に出没することになるであろう。

そして、この若齢層が悪さをして捕獲されると、結局、繁殖を維持すべき層が捕らえられるわけで、クマが次世代へと続かなくなる恐れがある。九五年以降数年は、性比、数、分布を考えながら「捕殺」しなければならないと言える。

ここは一番、諸々《もろもろ》をぐっと堪え忍びつつ「奥地放獣」を進めなければならない。ここから数年が、西中国のクマの正念場となるだろう。

五年間、この地に住み、この地域やクマに接していると、恐らく都市型の研究者には見えないだろうものが見えてくる。同時に、よそ者であるがゆえに当該行政機関には見えないものも見えてくる。以下、あえていくつか苦言を呈するのは西中国の自然を愛するがゆえである。

西中国がツキノワグマ管理に流れ始めた現在、過去の経験から得られた現在の優れた体制を、過去の出来事の免罪符《めんざいふ》とすることなく、事実は事実として認識する必要があると思うのである。

かつて西中国へやって来た当初、私たち東北の厳しい狩猟管理に慣れた地域の人間から見ると、当地には「鳥獣保護及ビ狩猟ニ関スル法律」および「銃砲刀剣類所持等取締法」は存在しないかのようであった。私自身、かつて秋田県庁に奉職していたから、少しは同法が分かる。

一九九二年以降、日本全域がククリワナ（ワイヤートラップ）によるクマ猟禁止となり（有害駆除は可）、九四年からは西日本はクマの狩猟禁止（有害駆除は可）となっている。

だが、西中国に足を踏み入れてすぐ目にしたのは、野放しの密猟、イノシシワナにかかり射殺される多数のクマ、養蜂にかかわり射殺される多数のクマ、といった現実であった。

当初、このことを指摘するより別の大きな流れを作り出すことに主眼を置きたいと考えていたから、あえて指摘しなかった。だが今、西中国三県が保護・管理の流れに動き始めた以上、いまだ残存するこれらの点を改善して欲しいと思うのである。

まず「密猟」は、すでに法律にふれる事項である。

次は「イノシシワナ」の問題である。ククリワナを用いてクマを捕獲することはすでに禁止されているが、イノシシワナとして用いたククリワナにクマがかかった場合は錯誤としての射殺が寛大に扱われている。この点が問題で、私はワイヤートラップにかかった時点でクマのククリワナ捕獲行為と解釈すべきだと考える。

続いて、これに派生した問題として「捕獲後射殺」することも問題だ。すでに捕獲行為は違反行為として終了しているのだから、銃の目的外使用（あるいは発射制限違反）となるだろう。

いまだ、クマの有害駆除にククリワナを用いて捕獲する例と、イノシシワナにクマがかかる例が見られ、これらのクマが危険であるからと〝緊急避難〟を申し立て、許可を得て射殺する場合がある。確かに、ククリワナはワイヤーの長さの分、クマの行動が自由で、接近する者への危険度は高い。だがそれは最初から認識できることであり、クマがかかるだろうとの予測のもとにイノシシワナを架設し捕獲した場合は、おおげさに言えば〝未必《みひつ》の故意《こい》〟であろうし、それから派生した緊急避難という理屈は成り立たないように思われる。

イノシシによる農林産物への激甚な被害は十分に認識しているつもりである。簡便な防除法、捕獲法の研究が早急に必要であり、関係機関へは伏してお願いするところである。私の追跡しているクマも多数このイノシシワナにかかっている。

また、有害駆除あるいは狩猟の名目でイノシシワナを使用し、そのまま山野に「放置」されているケースがある。そのワナにクマがかかる例が見られる。ワナは常時架設しておくため捕獲努力量が少なく、効率が良い。それらが山野に多量に架設・放置されているため、必然的にクマもかかりやすく、人知れず処理されているという現実もある。これらが渾然一体《こんぜんいったい》となり、ほとんど密猟状態になっているところが問題である。イノシシワナの問題が早急に解消されなければ、せっかくの保護・管理計画にも魂が入らない。

次に、当地の「養蜂被害」は十分に認識でき、同情を禁じえない。電気柵などの利用を勧め、そのための補助の必要性をも強く感じている。ただし、いまだ養蜂家がハチミツを餌にクマを誘導し、檻で、確実にかつ継続的に捕獲し、射殺している例が見られる。これ自体は違法とは言えないだろうが、(社)日本ハチミツ養蜂協会では誘導型の捕獲を自粛するよう通達を出しているはずである。

養蜂家も〝世論〟の援護を得るために、ぜひとも誘導型の捕獲は止めて欲しいものである。

さて、四国での調査に若干ふれる。

高知県では一九八六年から、徳島県では八七年から、すでにクマは捕獲禁止となっている。高知県と徳島県が接する剣山地(国定公園地域)に最も生息数が多いと思われるが、四国全体での生息数は二〇~三〇頭と推定されていて、絶滅間近、正直なところ対策の立てようがないというのが現況といえるだろう。

四国のクマの頭骨《とうこつ》には地理的変異が見られ、小型だ。本州のクマ達と離れて進化してきた個体群として特殊化してきた可能性がある。後世の研究者が研究できるよう、数頭を捕まえ、生きたまま動物園などで保存するとかして遺伝子を残しておく必要があるのではないだろうか。

四国でのクマ問題は、昭和四〇年代、植林への皮剝ぎが主だった。皮剝ぎは、少なくなった配偶者を求めるサイン、絶滅のサインと考える研究者もいるくらいだから、当時すでにかなり生息数が少なくなっていたのだろう。

一九九三年の四月、四国の最高峰の剣山（一、九五五メートル）を中心にクマを探し始めた。四国の山々は、西中国山地より険しく、切り立っている。だいたいのところ、標高四〇〇メートルまでは集落と耕作地が山肌に点在し、それ以上一、〇〇〇メートルぐらいまでの所はスギやヒノキの植林地となっている。その上には広葉樹林が広がっている。

この広葉樹林の中で、クマ達は生きのびているようだ。集落周辺にはカキやクリが見られるが、被害はない。どうも幅広い植林地に押さえられて、広葉樹林にいるクマ達が集落周辺に下りて来られないように思われる。

四国で一番クマが多いと思われる剣山周辺であっても、クマが活動した跡、食べた跡、足跡などを見つけるのは難しく、苦労する。

ヒノキ、スギへの皮剝ぎの結果、赤枯れた木々が山肌に点在して見える。どこの集落、役場を訪ねても、クマは皮剝ぎをする害獣だという話に終始する。

昭和四〇年代、植林への皮剝ぎ防止のため、クマ駆除に補助金が出るようになった。その金額たるや、一頭につき三〇〜四〇万円であった。昭和四八年に私が秋田県庁に奉職した時の初任給が五万円の時代だ。金が動くと、捕獲の商業化が始まり、捕獲は伸びる。

そしてクマはいなくなった。

自然破壊で有名な剣山スーパー林道周辺から調査を始めた。

生息数が少ない地域でのクマの捕獲は、檻をいかに多く架設できるかにかかっている。山塊が大きく近道がないので、一〇〇キロも大回りすることがしばしばだ。四国の仕事は疲れた。

一ヶ月かかって、あのいまいましくも広く険しい剣山地に一八個の檻を設置した。

六月二二日、意外にも早く一頭のオスグマを捕まえることができた。檻の捕獲通報装置の電波が途切れ、半信半疑で近寄ってみると入り口の鉄板扉が落ちていた。ドラムカン檻の側面の穴からは黒い毛も見えている。クマ特有の臭いもする。

クマは、周囲を歩いたらしく、草が葉返りしてテラテラと輝いていた。

待てよ！　アナグマも入っている時があるからな。入り口の鉄板を思いっ切り蹴飛ばした。ガッチャーン。ガッホーン。クマである。心臓が高鳴り、大粒の汗がしたたった。とうとう四国のクマを手中に収めた。

県庁から担当者を呼び、引き出しにかかる。担当のT係長は車に翼が欲しいとばかりに急ぎ駆けつけ、私以上に嬉しそうだ。彼は、クマの調査予算を取るのに、財政課相手に相当苦労したようだ。

「そんなことをして、どんな意味があるんだ」

「県は狩猟禁止措置を取っている。手は打っている。それで十分ではないか」

そんな抵抗にもめげず、T係長は頑張った。

「テレメトリー調査とは……」

「米田というクマ追い人がいて……」

机にすがりつき、彼はとうとう予算をものにしたという。そんな彼には、切々と胸に期すものがあったようだ。名前はツルギとして欲しいと願った。

これからどのような動きをするのか楽しみだ。ツルギは動いた。広く動いた。越冬までに七〇〇〇ヘクタールも動いたのだ。

配偶者が見つからないのだろうか。それとも、餌となる広葉樹が少ないのだろうか。それでいてツルギは、山に分け入る人達に一度も目撃されていない。不思議だ。

ちなみに、翌九四年度に捕まったジロウ、ミウネも縦横に動いたのだが、いずれも目撃されていない。絶滅過程にある動物が、迫害の果てに会得《えとく》した悲しい行動の軌跡なのかも知れない。

クマという動物は、図体は大きいのに、また力強いのに、小さな目の中にはいつももの悲しい光を含んでいる。絶滅していく動物の哀れさが漂っている。

それはともかく、少ないながらも四国では時々目撃例があり、母子連れも報告されている。しかし、徳島県側で捕獲した三頭がいずれもオスだったことは気がかりだ。

四国での生息地の中心は高知県側にあり、徳島県側はたんに通過地域なのだろうか。もしそうだとすれば、高知県側の調査もぜひ必要となってくる。

現在、四国では行政、民間ともどもクマへの認識が高まっており、絶滅を遅らせる余地は十分にありそうだと思っている。

私がクマ調査を開始した昭和五四年（一九七九年）から今日まで、合計一二人の人がツキノワグマのために死亡している。そして最近、死亡数は増加傾向にある。とりわけ北東北で顕著だ。

保守的なクマの性格と、環境改変の勢いとが、真正面からぶつかっているからだろうか。あるいは近年、腕の未熟なハンターが多くなり、春グマ狩りで銃を乱射し、手負いのクマを大量生産し、それらが反撃しているとも考えられる。もし、有害駆除制度が結果的に有害グマを量産しているのであれば、それは由々しき問題だ。

クマ達の将来はどうなるのだろう。

北海道ではヒグマの生息域が大きく四ブロックほどに分断されている。相互の交流が少なく、また捕獲数も減っているため、道庁は一九九〇年に残雪期のヒグマ狩りの中止を決めた。

ヒグマが減少しつつある地域では、牧畜のための森林の草地化が進められていて、そこでは人間が生きるための開発と動物が住むための森の必要性という大きな二つの問題がせめぎあっている。

ツキノワグマについては、九州では絶滅した。四国も、ほぼ同様の状態になった。西中国山地、東中国山地、紀伊半島、丹沢山塊、下北半島も、今すぐ手を打たないと、いずれそうなる。私たちは、九州や四国でのような絶滅の歴史から学ばなければならない。

ツキノワグマは、越冬のために、太い天然木の立木や、それらの倒木、伐根を利用していた。現在、岩穴や土穴での越冬が多い西中国でも、その昔は木を利用していただろう。越冬中、この木の洞でクマ達は繁殖を行なっているのだ。

さらに、繁殖と越冬のために、彼らは秋に多くの炭水化物を取る必要がある。彼らはそれを主にドングリ類やクリなどの堅果類に求める。

広葉樹なしに、クマは生き残れない。まさに「クマは森なり」ということなのだ。

これまで私は、数は問題ではないが秋田県で都合三八頭（一九八六年以前の県調査分五頭を含む）、西中国で四六頭、四国で三頭のクマを捕獲し、その追跡を行なってきた。ヒグマにもかかわった。それぞれ面白く、つらい日々だった。とりわけ西中国では、日々、クマ問題で走り回った。その結果、多くの友人ができ、もうこの地に骨を埋めようと決心している。

西中国にはクマ問題を取り扱う研究機関もなく人もいない。とにかく哺乳類の研究者が少ない。それでいて鳥獣害が蔓延《まんえん》している。否応なしに、広島方式のツキノワグマ保護管理手法の後継者が必要となってきている。貧乏が友人であった私に後継者は作れない。後継者を作るべく、県に公益法人の認可をお願いしているが、難しい。

友人達の中には、それは県の仕事であり、民間が資金を調達し犠牲になってまでやることだろうか、と言う人がいる。私がいつまでも出張《でば》るから、県は本気で後継者を考えないのだとも言われる。その通りかも知れないとふと思う。

山口県も島根県も、広島県同様、保護・管理に動き出した現在、私はそれを見守るだけだ。地元の問題は、地元で行なうのが当然なのだ。それこそが解決への道だろう。

急いで欲しい。私はそれを切に願う。

付表１：太平山におけるツキノワグマ捕獲一覧表

（1986年６月から1991年７月まで）

ＮＯ	性別	体重	頭胴長	体高	前足	後足	頭幅	頭長	尾長	胸囲	胴囲	首囲	耳長	放　獣	備　　考
秋　１	♀	４６	1,140	495	123	135	175	275	65	711	755	410	105	６／８	（１９８６）
秋　２	♂	８６	1,340	613	204	190	203	333	83	994	1,013	542	123	７／６	
秋　３	♀	６５	1,302	614	151	173	271	305	110	812	836	405	112	７／12	
秋　４	♀	７８	1,310	585	132	153	201	235	69	810	976	493	102	７／13	８／25　死亡
秋　５	♀	３４	1,130	521	133	152	220	314	85	684	713	413	108	７／15	９／30　死亡
秋　６	♀	７５	1,270	530	125	140	178	283	53	740	846	510	105	７／27	
秋　７	♀	６２	1,310	590	138	166	255	288	77	795	895	486	108	８／８	89 4/22 死亡
秋　８	♂	１１２	1,335	570	144	170	211	295	92	970	970	571	131	８／11	10／１　死亡
秋　９	♀	６０	1,220	622	135	152	193	321	96	836	768	492	111	８／19	
秋１０	♀	６３	1,280	578	136	162	215	295	85	746	710	466	105	８／30	９／24　死亡
秋１１	♀	６９	1,225	601	135	155	220	285	85	780	815	508	113	８／31	
秋１２	♀	５７	1,215	565	137	145	236	305	75	750	850	485	104	９／３	
秋１３	♀	５２	1,215	615	139	149	195	318	88	816	724	480	108	９／４	
秋１４	♂	４９	1,105	494	138	150	180	285	93	670	740	432	102	９／20	
秋１５	♀	８７	1,365	534	124	141	180	279	62	811	921	512	101	10／17	銃傷個体無記号
秋１６	♀	６７	1,314	594	136	165	249	287	83	824	911	491	111	10／27	銃傷個体無記号
秋１７	♂	１８	685	314	92	116	116	194	48	424	495	257	62	11／２	耳標 11/13死亡
秋１８	♂	８９	1,402	605	148	167	215	327	99	856	856	550	115	11／12	
秋１９	♂	６３	1,365	465	145	156	156	281	82	912	955	552	96	６／30	（１９８８）
秋２０	♀	３５	1,228	488	128	134	148	252	89	735	793	495	89	７／８	
秋２１	♂	７７	1,485	520	152	145	182	315	105	885	920	552	92	７／16	89 8/23首輪回収
秋２２	♀	５２	1,280	546	165	135	156	275	68	820	876	468	94	８／22	９／23首輪回収
秋２３	♂	７２	1,512	595	135	152	195	301	111	865	785	556	98	９／２	
秋２４	♀	６６	1,428	546	128	152	152	315	65	825	965	485	91	９／25	
秋２５	♂	６５	1,285	520	136	135	156	295	105	765	685	525	92	７／24	（１９８９）
秋２６	♀	７６	1,385	495	115	146	146	275	95	845	1,005	585	96	８／２	放逐直後首輪脱落
秋２７	♂	５９	1,311	445	138	148	153	283	92	899	932	531	98	８／10	
秋２８	♂	６２	1,413	615	142	153	191	309	98	872	722	543	91	８／29	
秋２９	♀	６２	1,215	535	141	153	248	279	82	785	875	496	98	10／12	
秋３０	♀	５８	1,235	555	136	147	242	295	97	775	865	505	97	10／28	
秋３１	♀	１９	785	325	95	125	121	218	51	435	505	278	65	４／16	（１９９０）NO13BF
秋３２	♀	８２	1,395	525	135	150	165	265	95	915	865	545	95	７／１	
秋３３	♂	８９	1,335	605	185	185	189	318	82	985	975	565	115	７／９	

付表2：太平山におけるツキノワグマの行動圏追跡記録
（1986年6月から1991年9月まで）

NO	性別	体重	1986 | 1987 | 1988 | 1989 | 1990 | 1991
秋 1	♀	46	▲6/8 →→→→→→→→→→→→→→→→→→→→→→→→→→ 9/22 → ?・・・・・・→
秋 2	♂	86	▲7/6→→→→→→→→→→→→→7/18→?・・・・・・・・・・・・・・・・・・・・→
秋 3	♀	65	▲7/12→11/19 →?・・・・・・・・・・・・・・・・・・・・・・・・・・・・→
秋 4	♀	78	▲7/13→× 8/25
秋 5	♀	34	▲7/15→×10/2
秋 6	♀	75	▲7/27→→→→→→→→→→→→→4/29→? ・・→▲2/5 →2/10→ ?・・・・・・・・・・・→
秋 7	♀	62	▲8/8→→→→→→→→11/28 →? ・・・・・→×4/22
秋 8	♂	112	▲8/11→×9/30
秋 9	♀	60	▲8/19→→→→→→→→→→→→→→→→→→→→→→→→→→→→→→→→6/12→? →
秋10	♀	63	▲8/30→×9/24
秋11	♀	69	▲8/31→→→→→→→→→→1/23→? ・・・・・・・・・・・→▲7/24→7/28→ ?・・・→
秋12	♀	57	▲9/3→10/1→?・・・・・・・・・・・・・・・・・・・・・・・・・・・・・→
秋13	♀	52	▲9/4→→→→→→→→→→→→→→→→→→→→→→→→→→→→→→→→→→→→→
秋14	♂	49	▲9/20→10/25 →?・・・・・・・・・・・・・・・・・・・・・・・・・・・→
秋15	♂	87	▲10/17 ＊不使用→?・・・・・・・・・・・・・・・・・・・・・・・・・→
秋16	♀	67	▲10/27 ＊不使用→?・・・・・・・・・・・・・・・・・・・・・・・・・→
秋17	♂	18	▲11/2 ×11/13
秋18	♂	89	▲11/12 →→→→→→→→→→→→→→5/18→?・・・・・・・・・・・・・・・→
秋19	♂	63	▲6/30→→→→→→→→→→→→→→5/22→? ・・・・・・・→
秋20	♀	35	▲7/8 →→→→→→→→→→→→→→→9/18→? ・・・・・・→
秋21	♂	77	▲7/16→→→→→→→8/23→? ・・・・・・・・・・・・・・→
秋22	♂	52	▲8/22→9/23→? ・・・・・・・・・・・・・・・・・・・・・→
秋23	♂	72	▲9/2→→→→→→→→→→→→→→→→→→→→→→→→→→→→→→
秋24	♂	66	▲9/25→→→→→→→→→→→→→→→→→→→→→→→→→→→→→
秋25	♀	65	▲ 7/24→→→→→→→→→→→→→→→→→→
秋26	♂	76	▲8/2 首輪脱落・・・・・・・・・・・・→
秋27	♀	59	▲8/10→→→→→→→→→→→→→→→→→→→
秋28	♂	62	▲8/29→→→→→→→→→→→→→→→→→→→
秋29	♀	62	▲10/12→→→→→→→→→→→→→→→→→
秋30	♀	58	▲10/28→→→→→→→→→→→→→→→→→
秋31	♀	19	NO13の幼体 ▲4/16→→→→
秋32	♀	82	▲6/30→→→
秋33	♂	89	▲7/1 →→

凡例「▲　捕獲・再捕獲、→継続、×死亡　→→→追跡、・・・不明　＊不使用」

NO6については　1983 7/16 →1984 3/31 まで
NO8については　1982 8/24 →1982 9/25 まで
NO24については1982 9/22 →1983 7/15 まで上記表以外にも追跡歴がある

付表 3 ：西中国におけるツキノワグマ捕獲一覧表

（1990年 9 月から1994年12月まで）

NO	性別	令	体重	頭胴長	体高	前足	後足	頭幅	頭長	尾長	胸囲	胴囲	首囲	耳長	放獣	備考
広 1	♂		67	1,465	535	151	163	172	285	97	865	895	542	95	9／30	（1990）
広 2	♂		75	1,355	545	145	158	185	302	103	876	899	538	93	10／11	
広 3	♂		92	1,485	550	155	180	180	320	70	945		575	92	10／7	（1991）
広 4	♀		78	1,360	535	135	155	155	285	70	785		580	95	10／18	
広 5	♂		89	1,395	525	145	155	156	282	81	895		555	95	11／28	'92·10·6 死亡
広 6	♂	7	72	1,355	530	145	165	205	315	95	915	805	585	115	8／6	（1992）
広 7	♂		32	1,165	465	125	175	175	285	55	635	725	425	75	9／1	
広 8	♂	7	68	1,265	515	140	175	175	325	75	765	840	510	105	9／2	
広 9	♀	7	58	1,275	495	115	125	165	275	65	675	780	550	85	9／3	
島 1	♂		76	1,370	525	145	145	195	305	75	790	875	555	85	9／4	
広 10	♂	2	45	1,220	535	159	155	145	245	50	660	635	445	85	9／11	イノシシワナ錯誤捕獲
広 11	♂		65	1,410	545	170	180	195	285	65	895	985	585	85	9／13	途中イノシシワナ
広 12	♂	6	49	1,215	510	145	135	135	230	75	570	585	435	75	9／18	イノシシワナ錯誤捕獲
広 13	♀	8	85	1,255	535	125	135	175	255	75	900	1,045	575	105	9／25	
広 14	♀		65	1,425	535	115	135	195	255	65	905	1,030	625	45	10／3	
島 2	♀		55	1,315	515	115	135	145	275	55	785	815	535	95	10／10	
広 15	♀	7	55	1,225	515	115	135	145	295	45	780	850	455	105	10／16	
広 16	♀	6	55	1,110	455	125	150	175	235	55	785	895	505	105	10／29	尾曲がり
徳 1	♂		67	1,210	505	115	165	145	255	65	835	980	565	85	6／22	（1993）
広 17	♀		25	1,066	455	105	130	125	255	55	580	595	485	65	7／14	
広 18	♂		74	1,315	535	135	135	150	275	30	780	805	575	85	8／2	首輪交換
広 19	♀		65	1,225	525	125	145	135	255	95	715	765	650	65	8／11	
広 20	♀		90	1,240	515	135	130	165	265	75	1,210	1,225	650	65	9／9	
広 21	♂		65	1,295	515	140	135	155	295	110	760	690	535	95	10／20	
徳 2	♂		75	1,385	545	135	155	145	265	105	785	845	515	85	6／27	（1994）
広 22	♀		70	1,255	495	125	125	165	275	95	955	865	670	95	7／19	
広 23	♂		32	1,070	435	115	130	125	210	85	595	675	455	85	8／24	有害駆除射殺
広 24	♀		48	1,245	510	115	130	115	255	65	705	805	485	75	8／26	耳標
広 25	♂		85	1,285	495	155	165	165	265	85	825	845	535	85	8／29	
広 26	♀		98	1,385	545	125	155	145	255	65	1,035	1,045	605	85	8／31	
広 27	♂		135	1,515	555	155	160	155	225	85	1,025	1,065	685	85	8／31	最大級重量
広 28	♂		28	1,055	445	105	120	125	235	45	575	615	465	65	9／1	入れ墨
広 29	♀		85	1,235	525	125	145	145	245	75	875	875	555	85	9／6	入れ墨
広 30	♀		62	1,275	465	135	155	165	225	85	775	865	775	85	9／6	
広 31	♂															広NO30BM-1 入れ墨
広 32	♂															広NO30BM-2 入れ墨
広 33	♂		82	1,375	535	135	150	155	235	75	815	875	575	85	9／8	入れ墨
広 34	♀		89	1,335	525	125	130	135	225	90	1,045	1,085	605	90	9／8	異常に肥満 入れ墨
広 35	♀		32	1,015	415	115	120	145	235	65	625	715	465	85	9／12	入れ墨
広 36	♀		67	1,395	515	135	130	165	235	65	930	1,175	610	90	9／12	異常に肥満 入れ墨
広 37	♂		62	1,355	535	135	155	125	255	85	815	865	525	70	9／12	ペニス125
広 38	♀		65	1,230	510	140	150	165	255	65	755	740	505	95	9／14	入れ墨
広 39	♀		78	1,265	555	135	145	145	265	10	865	975	545	95	9／19	泌乳 入れ墨
広 40	♂		115	1,520	590	155	175	165	285	30	1,075	1,125	695	105	10／1	ペニス165 115キロ
島 3	♀		37	1,140	445	115	125	145	240	55	635	705	425	95	10／3	
広 41	♀		79	1,235	515	135	145	145	265	20	995	1,065	585	85	10／6	
広 42	♀		68	1,420	525	145	160	205	265	10	1,035	1,115	610	90	11／17	
徳 3	♂		62	1,350	505	150	165	205	265	45	910	1,015	625	95	11／19	
広 43	♂		87	1,475	575	165	175	215	275	60	1,370	1,380	765	110	12／1	イノシシワナ　タッグ　ペニス180

（年令は査定中）

付表 4：西中国におけるツキノワグマの行動圏追跡記録
（1990年 9 月から1995年 3 月まで）

NO	性別	令	体重		1990 | 1991 | 1992 | 1993 | 1994 | 1995
広1	♂		67		▲ 9/30 →→7/25→ ?・・・・・・・・・・・・・・・・・・・・→
広2	♂		75		▲10/11 →→9/30→ ?・・・・・・・・・・・・・・・・・・・・→
広3	♂		92		▲10/ 7→→→→→→→→→→→→→→→→→→→→
広4	♀		78		▲10/16 →→→→→→→→→→→→→→→→→→→
広5	♂		89	途中イノシシワナ前足欠損有害射殺	▲11/28 →→→×10/6
広6	♂	7	72		▲8/6 →9/6 →?・・・・・・・・・・・・・・・・・・・→
広7	♂		32		▲9/1 ＊不使用
広8	♂	7	68		▲9/2 →→→→→→→→→→→→→→→→
広9	♀	7	58		▲9/3 → ?・・・・・・・・・・・・・・・・・・・→
島1	♂		76		▲9/4 →→→→→→→→→→→→→→→→
広10	♂	2	45	イノシシワナ錯誤捕獲	▲9/9→→→→→→→→→→→→→→→→→
広11	♂		65	途中イノシシワナにかかる	▲9/11→→→→→→→→→→→→→→→→→
広12	♂	6	49	イノシシワナ錯誤捕獲	▲9/17＊不使用
広13	♀	8	85		▲9/24→→→→→→→→→→→→→→→→→
島2	♀		55		▲10/2→→→→→→→→→→→→→→→→
広14	♀		65		▲10/3→→→→→→→→→→→→→→→→
広15	♀	7	55		▲10/16 →→→→→→→→→→→→→→→
広16	♀	6	55		▲10/29 →→→→→→→→→→→→→→→
徳1	♂		62		▲6/22→→→→→→→→→→→→
広17	♀		25		▲7/14→→→→→→→→→→→→
広18	♂		74	首輪交換	▲8/2 →→→→8/25→→→
広19	♀		65		▲8/11→→→→→→→→→→
広20	♀		90		▲9/9 →→→→→→→→→
広21	♂		65		▲10/20 →→→→→→→→
徳2	♂		75		▲6/27→→→
広22	♀		70		▲7/19→→→
広23	♂		32	有害射殺	▲8/24→×8/31
広24	♀		48	タッグ	▲8/26→→
広25	♂		85		▲8/29→→
広26	♀		98		▲8/31→→
広27	♂		135		▲8/31→→
広28	♂		28	入れ墨	▲9/1 →→
広29	♀		85	入れ墨	▲9/6 →→
広30	♀		62		▲9/6 →→
広31	♂			広ＮＯ30の 幼体1	▲9/6 →→
広32	♂			〃 2	▲9/6 →→
広33	♂		82	入れ墨	▲9/8 →→
広34	♀		89	入れ墨	▲9/8 →→
広35	♀		32	入れ墨	▲9/12 →
広36	♀		67	入れ墨	▲9/12 →
広37	♂		62		▲9/12 →
広38	♀		65	入れ墨	▲9/14 →
広39	♀		78	入れ墨	▲9/19 →
広40	♂		115		▲10/1→
島3	♀		37		▲10/4→
広41	♀		49		▲10/6→
広42	♀		68		▲11/17 →
徳3	♂		62		▲11/19 →
広43	♂		87	イノシシワナ錯誤捕獲　タッグ	▲12/1 →

凡例「▲ 捕獲・再捕獲、→継続、×死亡」
→→→追跡、・・・不明 ＊不使用 年齢は査定中
広は広島県、島は島根県、徳は徳島県での追跡

復刻によせて

その後のことを補足したい。

一九九七年九月五日、私は韓国環境部の招請でソウルに向かった。

韓国のツキノワグマは北部の雪嶽山《そらくさん》に一〇頭ほど、南部の智異山《ちりさん》山系に一〇頭ほどが辛うじて残存し、その保護繁殖と密猟問題に取り組もうとしていて、私に対策を助言して欲しいとのことだった。担当者の韓尚勲《ハンサンフン》氏は北海道大学の農学博士で一一年間の留学経験があり、日本語の機微《きび》に精通している。

自然保護局長、各課課長には「雪嶽山のクマを全部、捕獲《ほかく》して智異山へ移動させて繁殖を図るのは、可能だが経費が莫大にかかる。次は外交の問題があるが北朝鮮、中国かロシアからの移入ならば容易かと思う。」と私は提案した。

翌日から保護の現場の智異山へ入り、一二年間にわたる生息調査の基礎訓練と再導入の準備に向けて、地元保存会の人たちとの協働事業が始まった。

しかし、保存会の全員迷彩服を着たメンバーたちは、日本で考える市民ボランティアとは異質のようだ。(この日本人は熊を四〇〇頭も捕まえたそうだ。一頭、一億五、〇〇〇万ウォンで売れるのに……)日本円で六〇億円も、おめおめと山に帰した、モッタイナイ、ことをする日本人だ、と彼らの顔に書いてある。

後で聞いた話だが、日本で年間二、〇〇〇頭も捕殺されていると聞いた会員が「ワシらが引き取ってもえがの」と真顔で言ったそうだ。彼らはクマを保護する密猟者だったのだ。

つまり、昔日《せきじつ》の良い思い出を再び取り戻そうと活動を行っているのだ。私は「改心した密猟者は役に立つ」と日ごろより公言していたから、彼らと付き合うことができた。

二〇〇四年一〇月、ロシアから移入した六頭のクマの幼体に野生化訓練を施し、発信機を取り付けて智異山に放獣した。この放獣したクマと智異山に少数残存する野生下のクマが交配して繁殖することが期待され、韓さんたちのシュミレーションによると三〇頭を智異山に導入すれば、二〇一二年までに五〇頭まで回復するとの計算であった。次第に、クマの再導入計画は新たな局面に入っていく。

二〇〇五年七月、北朝鮮から八頭を導入して智異山に放獣したが、以後、そのうち一頭が不明、二頭が密猟された。二〇〇五年一〇月にもロシアから六頭、二〇〇七年一〇月に一四頭を導入し智異山に放獣したが、こちらも四年間に密猟が四頭、不明も四頭出た。厳しい監視を行っているのにワイヤー罠に掛かって密猟され、不明個体も出るのだから、われわれの上を行く凄腕《すごうで》の密猟者がまだ智異山にいるらしい。

二〇〇四年一二月、この年、最も活躍した人を韓国記者クラブが選ぶ「今年の環境賞」を韓さんが受賞、二〇〇六年一二月にも国立公園管理公団理事長賞を受賞している。智異山は韓国の哺乳類研究の一大拠点になっていたのだ。

二〇〇八年一〇月三〇日、私は日本の毎日新聞社と韓国の朝鮮日報社が共催した「日韓国際環境賞」を受賞しソウルに向かった。韓さんが「米田先生は韓国のクマ研究の恩人です」と朝鮮日報紙にコメントしてくれたのが嬉しかった。

私は二〇〇一年一月から中国での事業を開始した。そこも「密猟する辺境役人」との協働事業で、韓国での「密猟をする保存会会員」と似た構図になっていた。

旧満洲国の中国東北部は日本とは関係が濃すぎた。各地での聞き込みや書籍、テレビで「偽満洲時代には……」というフレーズに遭遇《そうぐう》することになる。

中国残留孤児の涙ながらの訴えに貰《もら》い泣きしたことがある私には、牡丹江《ぼたんこう》、佳木斯《じゃむす》、方正県《ほうまさけん》などの地名は、そのまま、ずしりと背負わされたようで気が重かったが、次の三項目の目標を持っていた。

世界的に非難されていた「檻飼《おりが》いした生きたクマからの胆汁《たんじゅう》絞り」だ。手術により胆嚢《たんのう》からチューブが体外に出されて胆汁が連続的に瓶《びん》に採取される事実を、この目で確認したかった。このようなクマが当時、中国国内に八、〇〇〇頭から一万頭いると言われていた。

次に辺境の森林地帯の農村部ではクマ、イノシシによるトウモロコシ被害が多発していて、被害防除法の普及を図りたかった。

最後は私の楽しみとして、日本のツキノワグマより大型で、二〇〇キロもあるウスリーツキノワグマのテレメトリー追跡調査を行ってみたかったのだ。

そして二〇〇二年一一月、中国の哀れな囚《とら》われのクマたちを見ることになる。

黒龍江《こくりゅうこう》省帯嶺《たいれい》林業実験局旭《あさひ》阻林場の養熊基地を見に行ったときのことだ。

案内の男が電気のスイッチを入れると裸電球が眩《まぶ》しく光った。そこには体験したことのない光景が浮かんだ。最奥の鉄檻には黒熊が向こう向きに半身で横たわっている。中ほどの二つの鉄檻ではヒグマが二頭、伏せている。

手前の檻のヒグマが立ち上がって、私たちの方を凝視した。あれは怒りに満ちた眼光だ。だが私は、この状況を記憶しなくてはならぬと目を見開いた。

床にはクマたちが食い散らかしたトウモロコシの黄色い粉が水分を吸って泥のように固まり、野菜屑《くず》も山と積まれている。一頭分の鉄箱は二メートル四方あり、太さ二センチメートルほどの鉄棒で組まれている。クマたちの両の前足がチェーンで床に固定され幼少の折より締められているので、成長につれて手首が細くなっている。床にはクマを労《いた》わる布の一枚も敷かれておらず、直接、鉄棒だ。自由に動かせるのは両の後ろ足と、餌《えさ》箱へ伸ばす口先だけだ。立つ、座る、寝る、食う、そして怒るだけの生涯だろう。その上、残酷な仕打ちが一生、付いて回る。

胸には皮製のランドセル状のカバンが取り付けられ、背中で固定する世界に悪名高い胆汁の採取法だ。手術をして胆嚢に細いチューブを繋《つな》げてランドセル内に蓄積させ、檻の滑車を回して狭めて動けなくしておいて、ランドセルから胆汁を採取するのだ。体内からチューブが出ているので、生存数の何倍もが感染症で死亡していると言われている。中国のクマの悲惨な現状は事実だったのだ。

ツキノワグマによるトウモロコシ被害を防ぐ電気柵の設置は二一キロに及び、捕まえた二〇〇キロ級のツキノワグマは四頭をテレメトリー追跡できた。あわせて二〇〇キロ級のイノシシ二二頭を捕まえ、これも一部、テレメトリー追跡を行っている。

二〇〇九年八月七日、私はモンゴル国ゴビ厳正保護地区に生息するゴビヒグマの調査に乗り出した。以前より砂漠に生息する毛の長いヒグマに興味を持っていたからだ。

世界でもっとも乾燥し、冬は零下四〇度、夏は四〇度になる極限の地へは、車で二〜三日を要した。ゴビ（砂礫《されき》地の意味）の全域にはザグという潅木《かんぼく》が茂り、山地内には湧水地点、オアシスが点在し、モンゴル人は何も無い不毛の土地だ、と言うが私には何でもある興味が膨《ふく》らむ大地だった。

今世紀に入り、地球温暖化により湧水地点が減少し、塩分濃度が増加していて、少ない湧水地点に草食動物が集中し、そこで肉食動物が待ち伏せる状況があった。

ゴビヒグマも生息数が二〇頭以下と絶望的な状況に陥っている。

米田 一彦

二〇一三年九月

著者紹介
米田　一彦（まいた・かずひこ）
1948年青森県生まれ。秋田大学教育学部卒業。秋田県生活環境部自然保護課勤務などを経て、NPO法人日本ツキノワグマ研究所理事長。第14回 日韓国際環境賞受賞。おもな著書に『山でクマに会う方法』（ヤマケイ文庫）、『クマ追い犬タロ』（小峰書店）などがある。

クマを追う

平成25年10月30日　発　行

著作者　米　田　一　彦

発行者　池　田　和　博

発行所　丸善出版株式会社
〒101-0051　東京都千代田区神田神保町二丁目17番
編集：電話(03)3512-3265／FAX(03)3512-3272
営業：電話(03)3512-3256／FAX(03)3512-3270
http://pub.maruzen.co.jp/

印刷・製本／藤原印刷株式会社
装幀／戸田ツトム＋山下響子

ISBN 978-4-621-08793-0　C0040　Printed in Japan

本書は、1996年1月にどうぶつ社より出版された同名書籍（第2版）を再出版したものです。